大科学家
讲小科普

脑的活动产生心

匡廷云 黄春辉 高 颖 郭红卫 张顺燕 主编

吕忠平 绘

吉林科学技术出版社

图书在版编目（CIP）数据

脑的活动产生心 / 匡廷云等主编. — 长春 : 吉林
科学技术出版社, 2021.3
（大科学家讲小科普）
ISBN 978-7-5578-5157-6

Ⅰ.①脑… Ⅱ.①匡… Ⅲ.①脑科学—青少年读物
Ⅳ.①R338.2-49

中国版本图书馆CIP数据核字(2018)第231229号

大科学家讲小科普　脑的活动产生心
DA KEXUEJIA JIANG XIAO KEPU　NAO DE HUODONG CHANSHENG XIN

主　　编	匡廷云　黄春辉　高　颖　郭红卫　张顺燕
绘　　者	吕忠平
出 版 人	宛　霞
责任编辑	端金香　李思言
助理编辑	刘凌含　郑宏宇
制　　版	长春美印图文设计有限公司
封面设计	长春美印图文设计有限公司
幅面尺寸	210 mm × 280 mm
开　　本	16
字　　数	100千字
印　　张	5
印　　数	1-6 000册
版　　次	2022年11月第1版
印　　次	2022年11月第1次印刷

出　　版	吉林科学技术出版社
发　　行	吉林科学技术出版社
地　　址	长春市福祉大路5788号出版集团A座
邮　　编	130118
发行部电话/传真	0431-81629529　81629530　81629531
	81629532　81629533　81629534
储运部电话	0431-86059116
编辑部电话	0431-81629516
印　　刷	吉广控股有限公司

书　　号	ISBN 978-7-5578-5157-6
定　　价	68.00元

序

　　本系列图书的编撰基于"学习源于好奇心"的科普理念。孩子学习的兴趣需要培养和引导，书中采用的语言是启发式的、引导式的，读后使孩子豁然开朗。图文并茂是孩子学习科学知识较有效的形式。新颖的问题能极大地调动孩子阅读、思考的兴趣。兼顾科学理论的同时，注重观察与动手动脑，这和常规灌输式的教学方法是完全不同的。观赏生动有趣的精细插画，犹如让孩子亲临大自然；利用剖面、透视等绘画技巧，能让孩子领略万物的精巧神奇；仔细观察平时无法看到的物体内部结构，能够激发孩子继续探索的兴趣。

　　"授之以鱼不如授之以渔"，在向孩子传授知识的同时，还要教会他们探索的方法，培养他们独立思考的能力，这才是完美的教学方式。每一个新问题的答案都可能是孩子成长之路上一艘通往梦想的帆船，愿孩子在平时的生活中发现科学的伟大与魅力，在知识的广阔天地里自由翱翔！愿有趣的知识和科学的智慧伴随孩子健康、快乐地成长！

前 言

植物如何利用阳光制造养分？鱼会放屁吗？有能向前走的螃蟹吗？什么动物会发出枪响似的声音？什么植物会吃昆虫？哪种植物的叶子能托起一个人？核反应堆内部发生了什么？为什么宇航员在进行太空飞行前不能吃豆子？细胞长什么样？……孩子总会向我们提出令人意想不到的问题。他们对……抱有强烈的好奇心，善于寻找有趣的问题并思考答案。他们拥有不同的观点，互相碰撞，对各种假说进行推论。科学家培根曾经说过"好奇心是孩子智慧的嫩芽"，孩子对世界的认识是从好奇开始的，强烈的好奇心会激发孩子的求知欲，对创造性思维与想象力的形成具有十分重要的意义。"大科学家讲小科普"系列的可贵之处在于，它把看似简单的科学问题以轻松幽默的方式深度阐释，既颠覆了传统说教式教育，又轻而易举地触发了孩子的求知欲望。

本套丛书以多元且全新的科学主题、贴近生活的语言表达方式、实用的手绘插图……让孩子感受科学的魅力，全面激发孩子的想象力。每册图书都会充分激发孩子的好奇心和探索欲，鼓励孩子动手探索、亲身体验，让孩子不但知道"是什么"，还知道"为什么"，以非常具有吸引力的内容捕获孩子的内心，并激发孩子探求科学知识的热情。

目　录

目 录

▶ 脑是人体司令部

　　人的行为活动受大脑的指挥和控制，人脑到底有着怎样神奇的作用呢？人在出生后，第一时间就有着各种欲望，比如想吃东西，或者因对环境的不适应而哭闹，这些简单的欲望与情绪都是由脑中不同的部位产生的。

前额叶皮质

　　前额叶皮质能控制人类的心智活动。

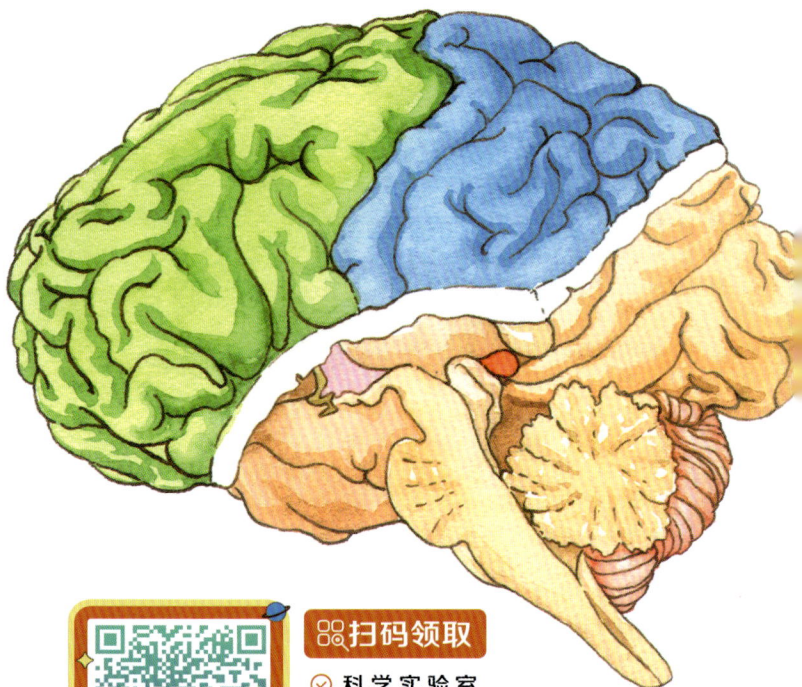

下丘脑

　　人的各种欲望就是在下丘脑产生的。下丘脑控制了自主神经。

　　杏仁体位于大脑皮质深处，是大脑边缘系统中直径大约 1 厘米的球体。诸如喜欢、厌恶、生气、恐惧、憎恨等情绪，都是从这里产生的。

　　动物的脑部由于逐渐进化而发达起来，已经产生了类似于控制心智活动的前额叶皮质。

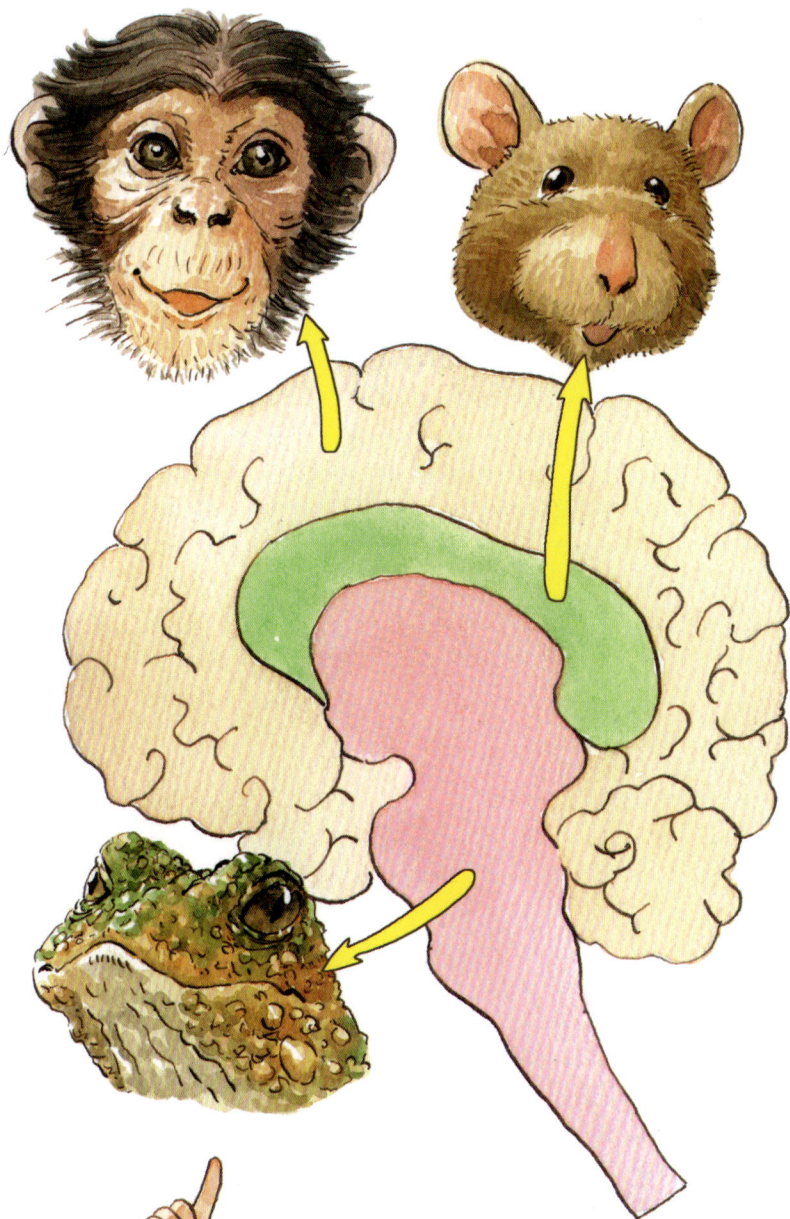

▶ 瞧，大脑长这样子

大脑是神经系统最高级的部分，由左右两个大脑半球组成。

小脑维持身体的平衡，处理、传达与运动相关的信息。

脑干被称为"生命中枢"，控制呼吸和心跳等基本生命活动。

胼胝体是将脑的两个半球连在一起的神经纤维组织。

大脑皮质是掌控人体所有思考和行动的控制中心。

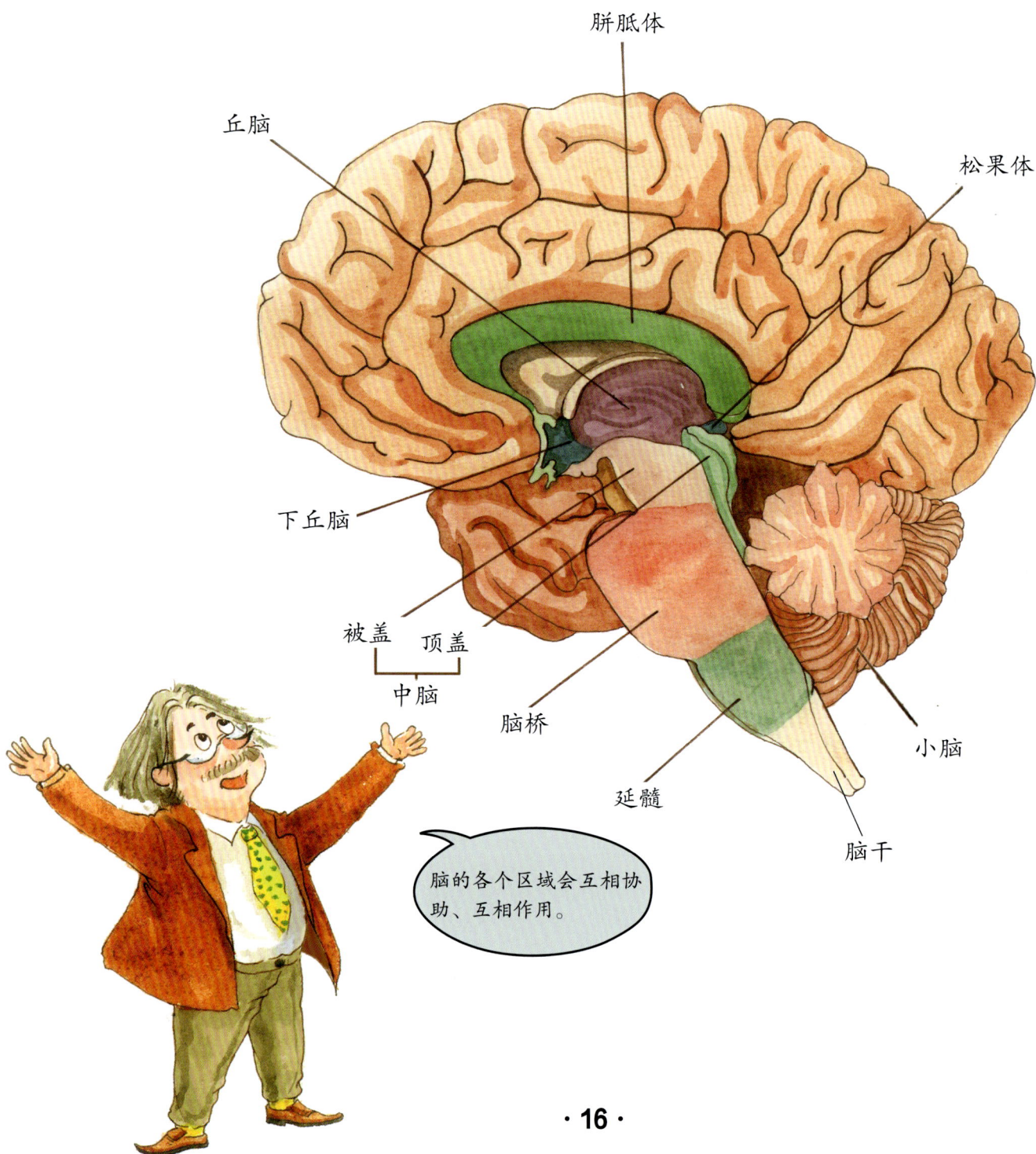

胼胝体

丘脑

松果体

下丘脑

被盖　顶盖

中脑

脑桥

延髓

小脑

脑干

脑的各个区域会互相协助、互相作用。

· 16 ·

▶ 大脑决定了你是谁

　　心智是人们的心理与智能的表现，决定你成为怎样的一个人。大脑控制着你的身体、思维和情感，你的所想所做都是由你的大脑决定的。可以说，大脑是人体中最为复杂的器官，每个人的大脑都是独一无二的。

大脑

脑室

脑脊液

脊髓

那是保护你的脑子的脑脊液。

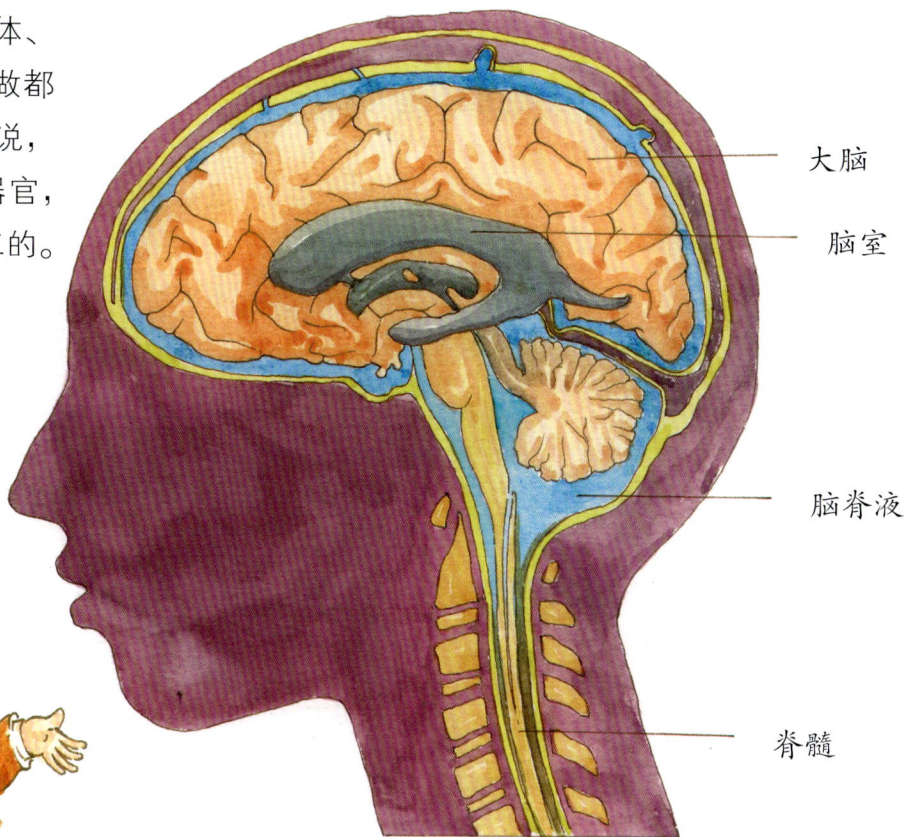

我的脑子真的进水了吗？

▶ 是什么在保护你的脑

　　在我们的颅腔里，有一些水样的液体——脑脊液，把大脑和颅骨隔开，在受震荡时保护大脑不被碰坏。脑脊液含有蛋白质、葡萄糖等物质，不但给大脑和脊髓提供营养，还能把有害的废物带到血液里排泄出去。

▶ 脑中之脑——主管智慧的前额叶

大脑额叶包括前区、中区和后区，是一个重要的神经组织区域。前区就是脑前额叶，它的主要功能包括记忆、判断、分析、思考和操作。

前额叶是与智力密切相关的重要脑区。

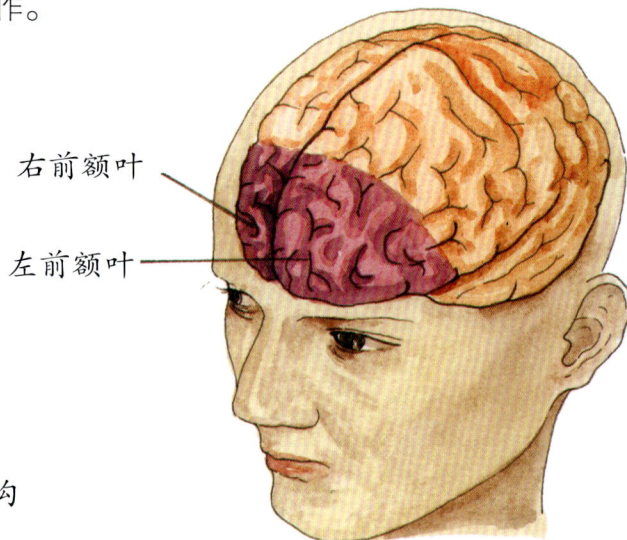

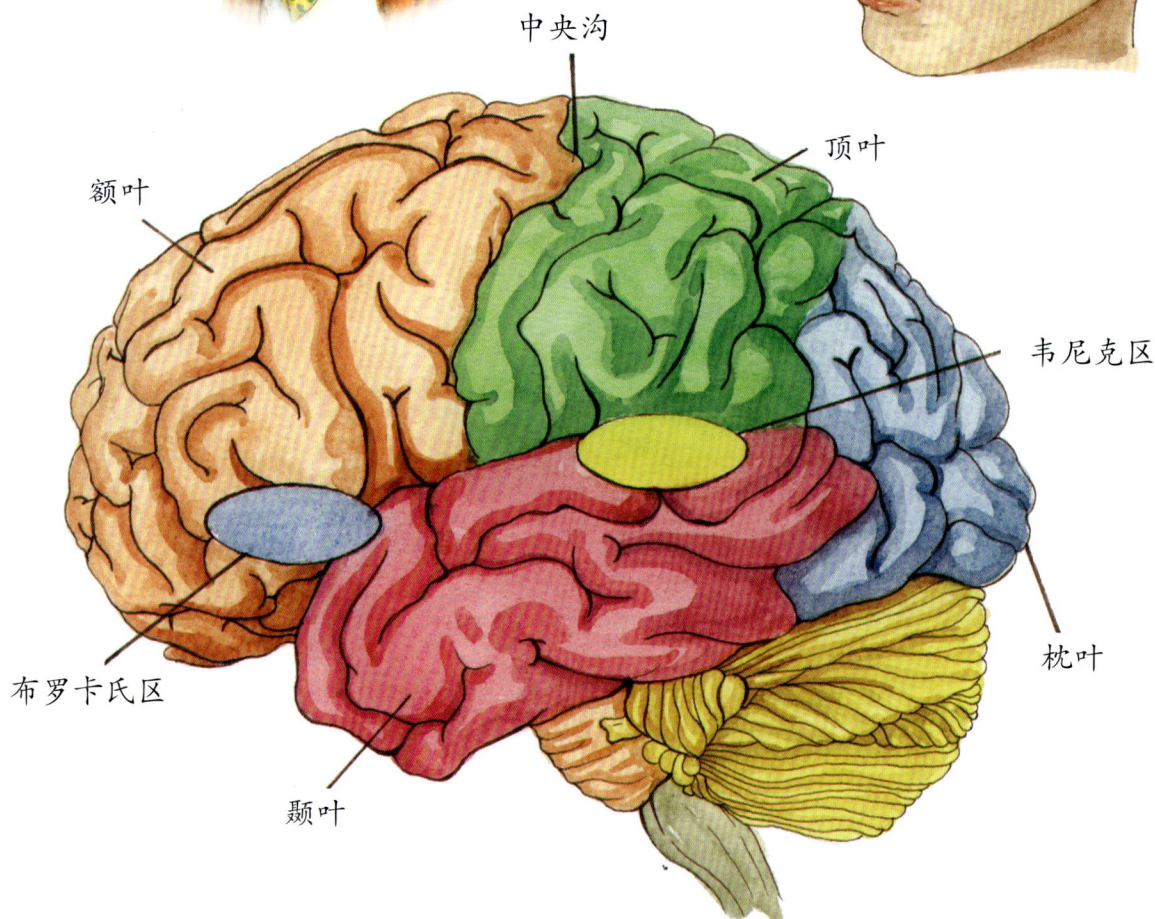

右前额叶

左前额叶

中央沟

顶叶

额叶

韦尼克区

布罗卡氏区

枕叶

颞叶

▶ 前额叶绝对完美吗

如果我们仅依靠前额叶来识别环境，可能会错过大量的信息。前额叶皮质不处理个人价值方面的信息，也不会做出决定。整合我们的情感信息来处理当前和未来事件的区域是眶额叶。

▶ 像纸一样团成团

人的大脑皮质展开后约为 2 200 平方厘米，和一张报纸差不多大，厚度仅相当于一枚 1 元硬币。要将这团东西全部"塞进"头骨里，只好团成皱巴巴的样子。最深的褶皱存在于两个大脑半球之间，几条较深的褶皱将大脑分为 4 个脑叶。

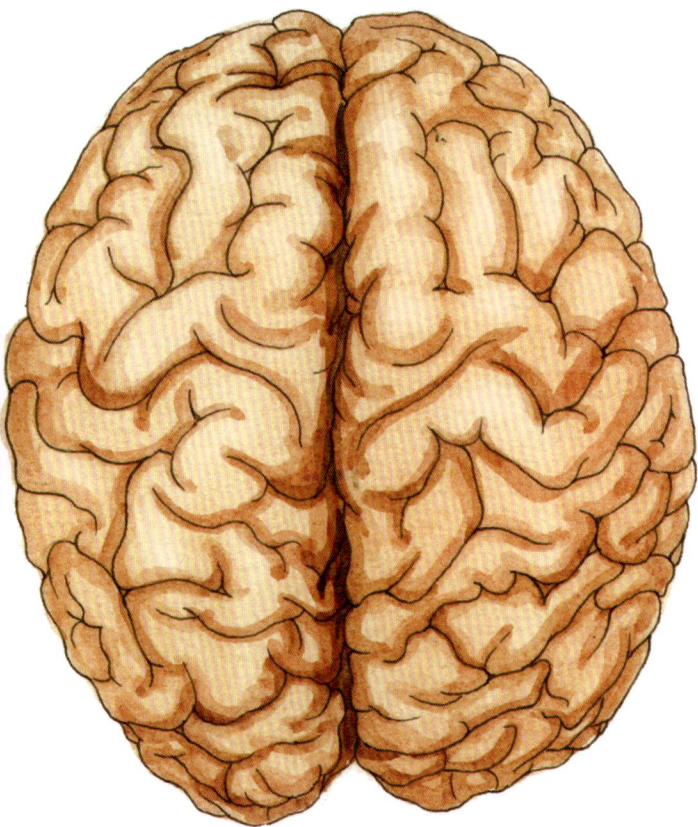

脑部顶面观

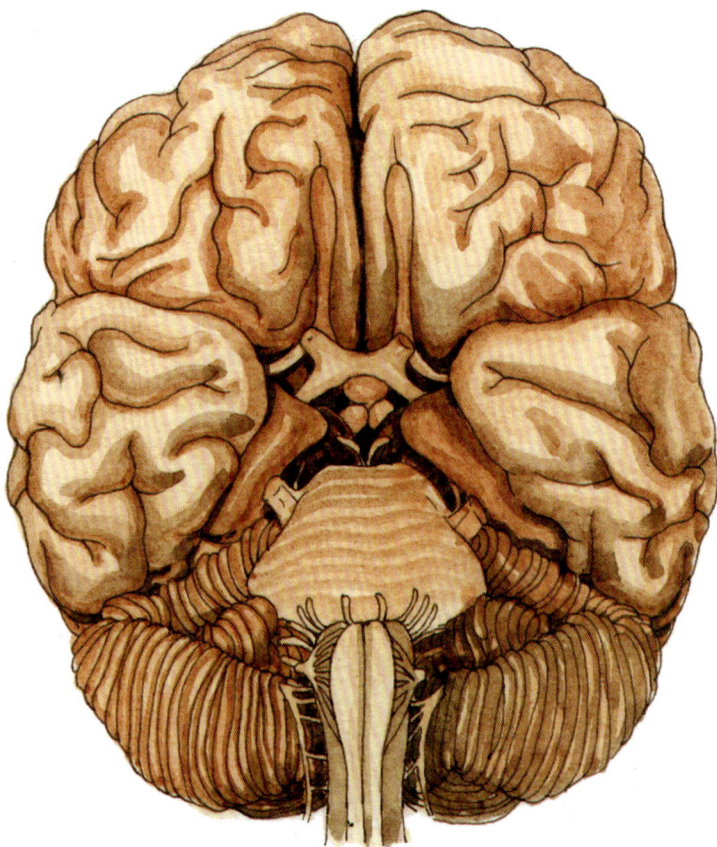

脑部底面观

大脑皮质的灰色物质负责有意识思维。大脑皮质的褶皱越多，表面积就越大，脑细胞就有更多的连接，因此就更容易达成"思想飞跃"。爱因斯坦的大脑皮质有罕见的复杂回旋状褶皱，因此他的数学推理想象力超强。

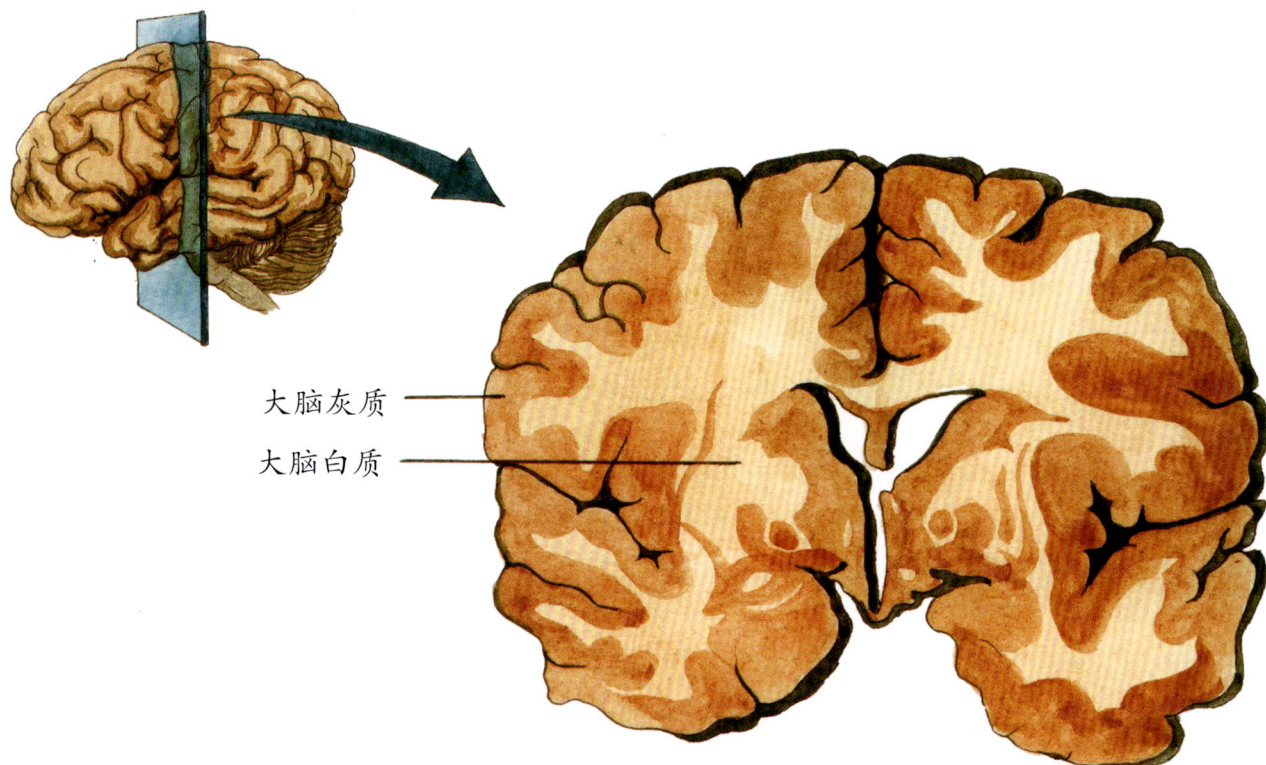

大脑灰质
大脑白质

▶ 大脑如何"抓住"记忆

两个相邻的脑细胞通过联结的突触释放化学物质传递信息，便产生了记忆。当大脑重新回忆时，这些联结就会被重新激活，然后被记住。

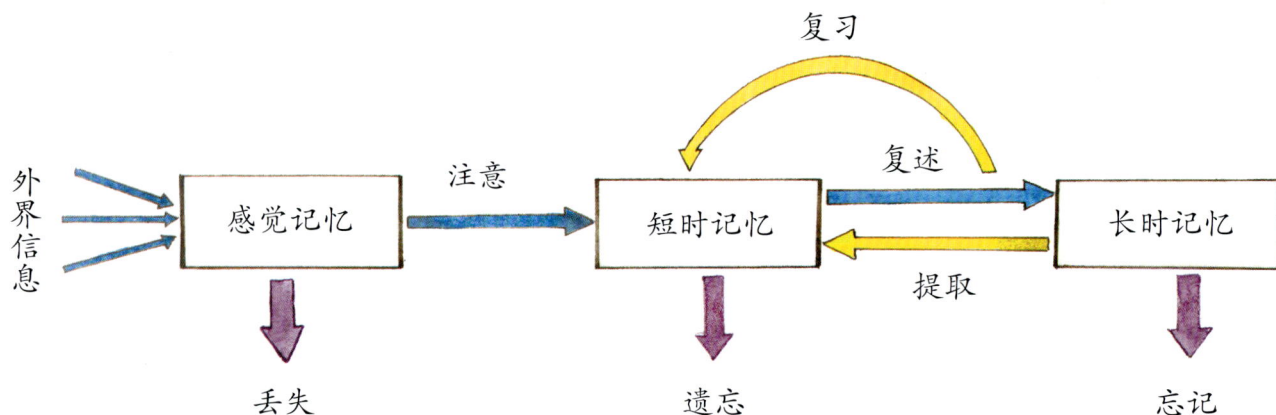

外界信息 → 感觉记忆 → 注意 → 短时记忆 ⇄ 复述/提取 → 长时记忆

复习

丢失　　　　　遗忘　　　　　忘记

▶ 短时记忆如何转化为长时记忆

外界传来的信息会经由神经系统传递至大脑，而在这之前，大部分的信息会被过滤掉，剩下的将在大脑颞叶区的海马体中形成短时记忆，储存几秒至几个星期不等。那些极重要的部分，会从海马体传递到前额叶，形成长时记忆。

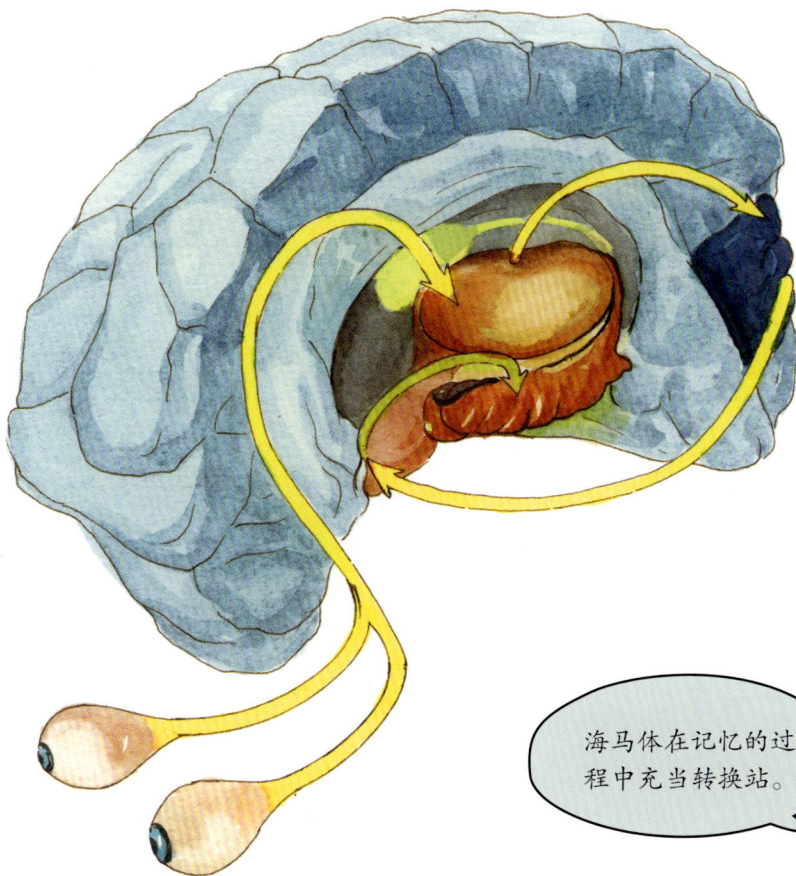

海马体在记忆的过程中充当转换站。

▶ 遗忘对大脑有利吗

从某种意义上说，遗忘是大脑对记忆进行分类的方式，因此相关度最高的记忆总是容易被检索到。正常的遗忘可能是确保大脑不会太"满"的一种安全机制。

▶ 小身躯，大作用——下丘脑

下丘脑是内分泌系统和自主神经系统的中心，它只占不足 1% 的脑部空间，却可以帮助我们调节自主神经系统的功能，如控制水盐代谢，调节体温、睡眠、生殖活动，以及情绪等。

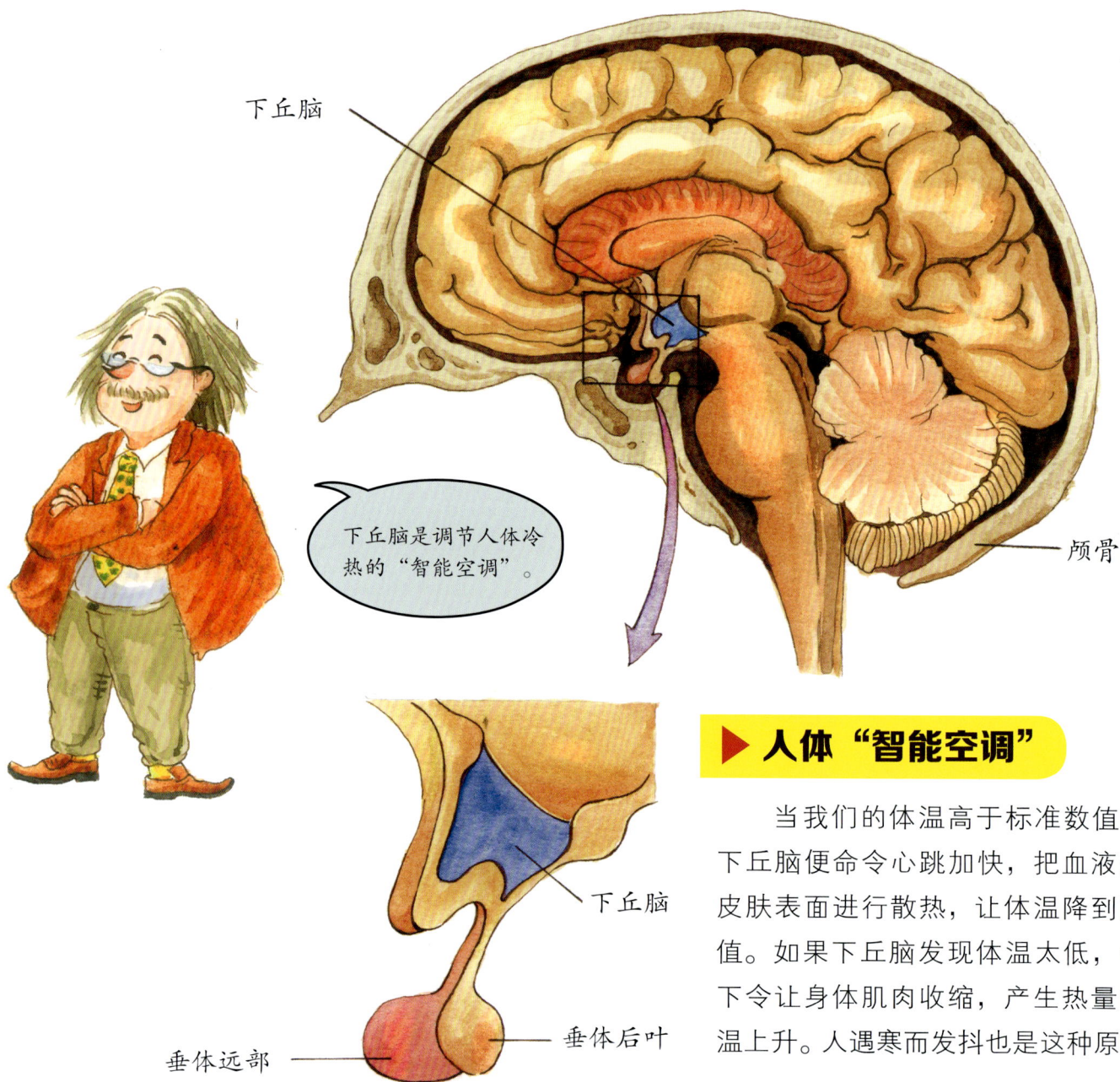

下丘脑

颅骨

下丘脑是调节人体冷热的"智能空调"。

下丘脑

垂体后叶

垂体远部

▶ 人体"智能空调"

当我们的体温高于标准数值时，下丘脑便命令心跳加快，把血液送到皮肤表面进行散热，让体温降到正常值。如果下丘脑发现体温太低，也会下令让身体肌肉收缩，产生热量使体温上升。人遇寒而发抖也是这种原理。

▶ 肥胖的始作俑者

如果你是一个肥胖的人，那么细嚼慢咽，延长进餐时间将会有助于你管住嘴。因为我们大脑里的下丘脑有一个"饱食中心"，它需要在进食30～60分钟后，等身体里的血糖达到一定的水平时，才会向身体发出"饱了"的信号。

吃得太快会影响饱食信号的接收，最终导致肥胖。

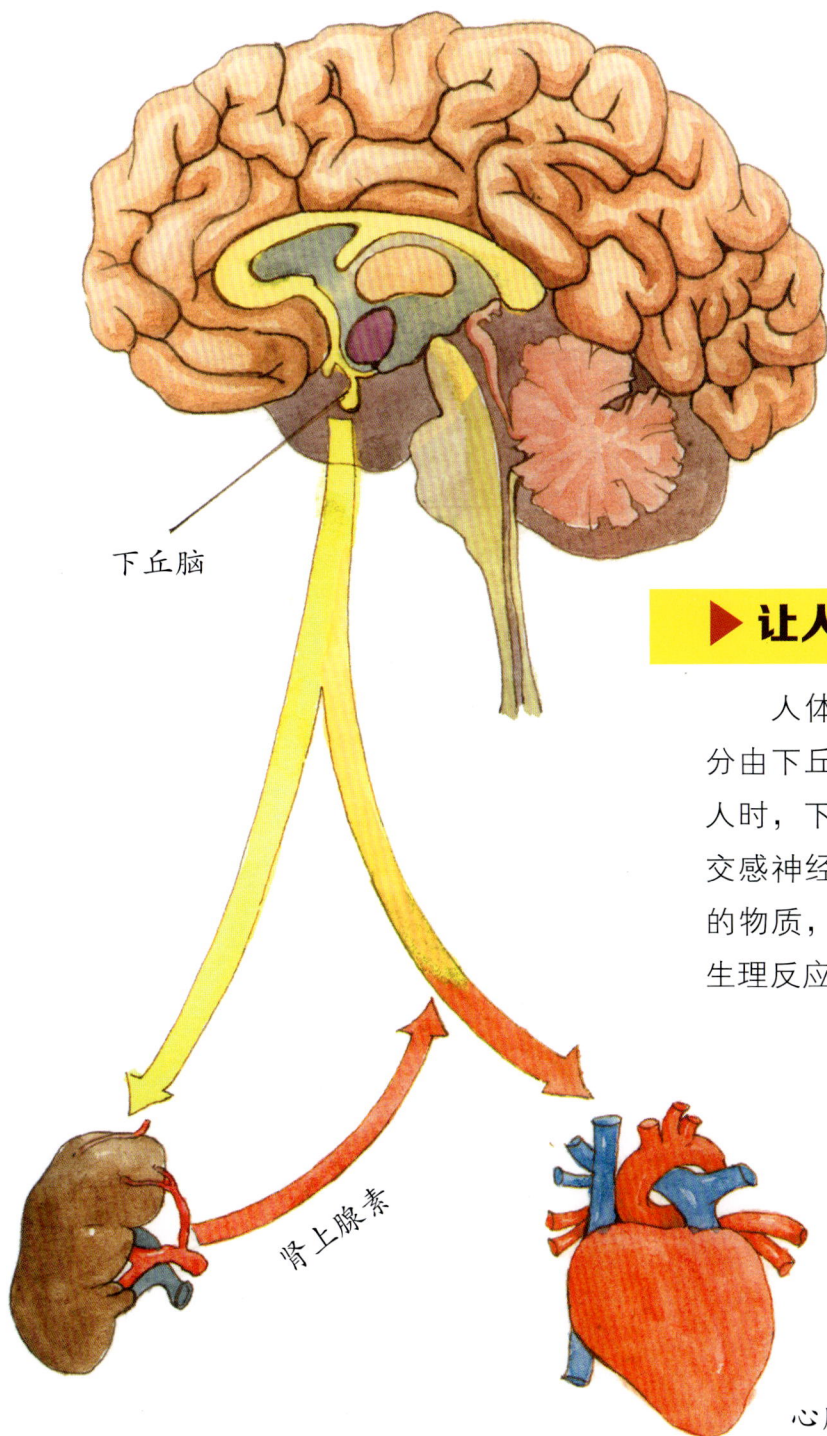

下丘脑

▶ 让人脸红心跳的化学反应

人体内有超过80种激素，大部分由下丘脑下令分泌。当遇到喜欢的人时，下丘脑就会命令自主神经中的交感神经制造出一种叫"肾上腺素"的物质，使人出现脸红、心跳加速的生理反应。

肾上腺素

心脏

扫码领取

⊘科学实验室　⊘科学小知识
⊘科学展示圈　⊘每日阅读打卡

▶ 下丘脑如何调动我们的情绪

　　下丘脑与把我们的情绪或感知转换成身体上的表现。当产生兴奋时，它的前半部分通过副交感神经让我们的身体更放松，而后半部分通过交感神经让我们紧张起来，进而表现出不同的行为。

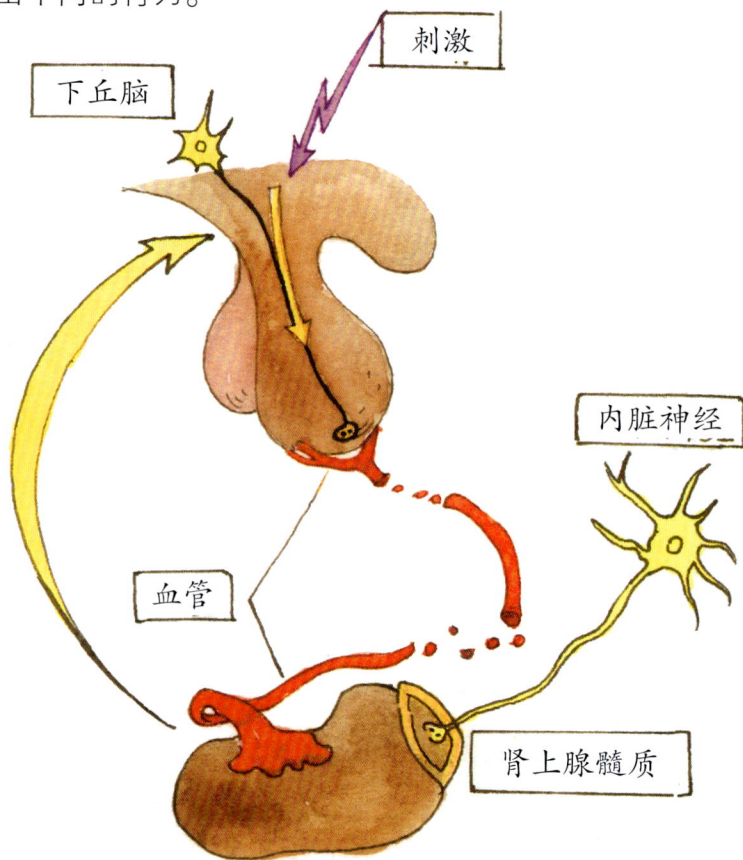

刺激

下丘脑

内脏神经

血管

肾上腺髓质

我的大脑正命令我逃跑！

▶ 是战斗，还是逃跑

　　当面对恐惧的时候，恐惧的信号会传送至下丘脑，下丘脑负责帮助你在"逃跑"和"战斗"之间做抉择，同时释放肾上腺素。

· 24 ·

地球上的所有动物都有一种叫"生物钟"的生理机制，也就是从白天到夜晚的一个24小时循环节律。生物钟是受大脑的下丘脑"视交叉上核"控制的，我们有昼夜节律地进行睡眠、保持清醒和发生饮食行为都归因于生物钟作用。

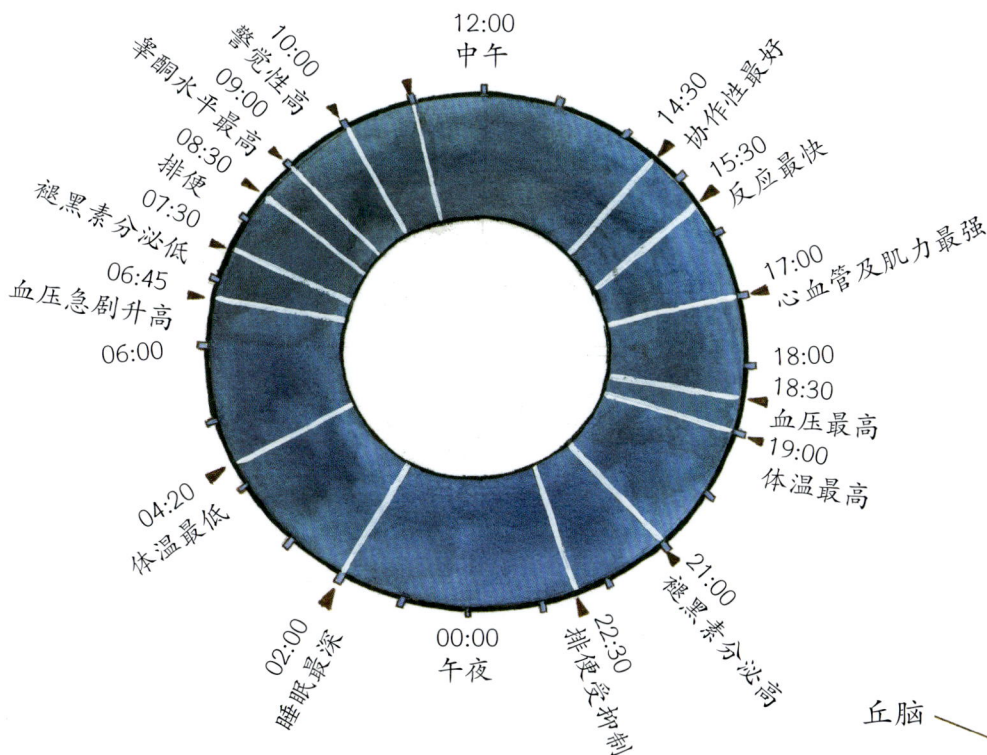

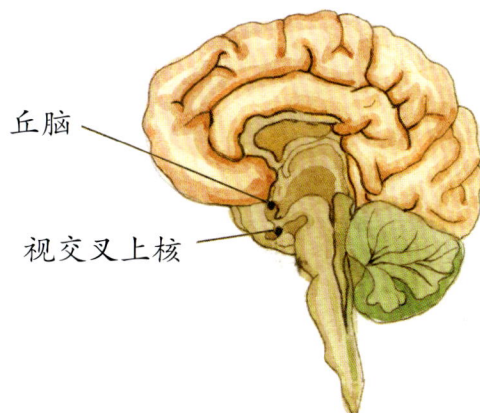

12:00
中午

10:00
警觉性高

09:00
睾酮水平最高

08:30
排便

07:30
褪黑素分泌低

06:45
血压急剧升高

06:00

04:20
体温最低

02:00
睡眠最深

00:00
午夜

14:30
协作性最好

15:30
反应最快

17:00
心血管及肌力最强

18:00
18:30
血压最高

19:00
体温最高

21:00
褪黑素分泌高

22:30
排便受抑制

丘脑

视交叉上核

▶ 来自爱的拥抱

来自脑部下丘脑的催产素，除了可以促使乳汁分泌、子宫收缩之外，还可以增加母亲和孩子之间的亲密度，所以催产素又被称为"拥抱激素"。

男女都会分泌催产素，故又被称为"爱情激素"。

▶ 体现本能的杏仁体

　　杏仁体类似于神经警报系统，会对大脑接收到的信息进行判断：我讨厌它吗？它会伤害我吗？我害怕它吗？然后会根据判断的结果采取行动，向大脑的各个部分发出指令。紧急的时候，它甚至可以指挥和驱动理性脑，以感性压倒理性。

人类的杏仁体位于脑干顶部，左右各一个。

杏仁体

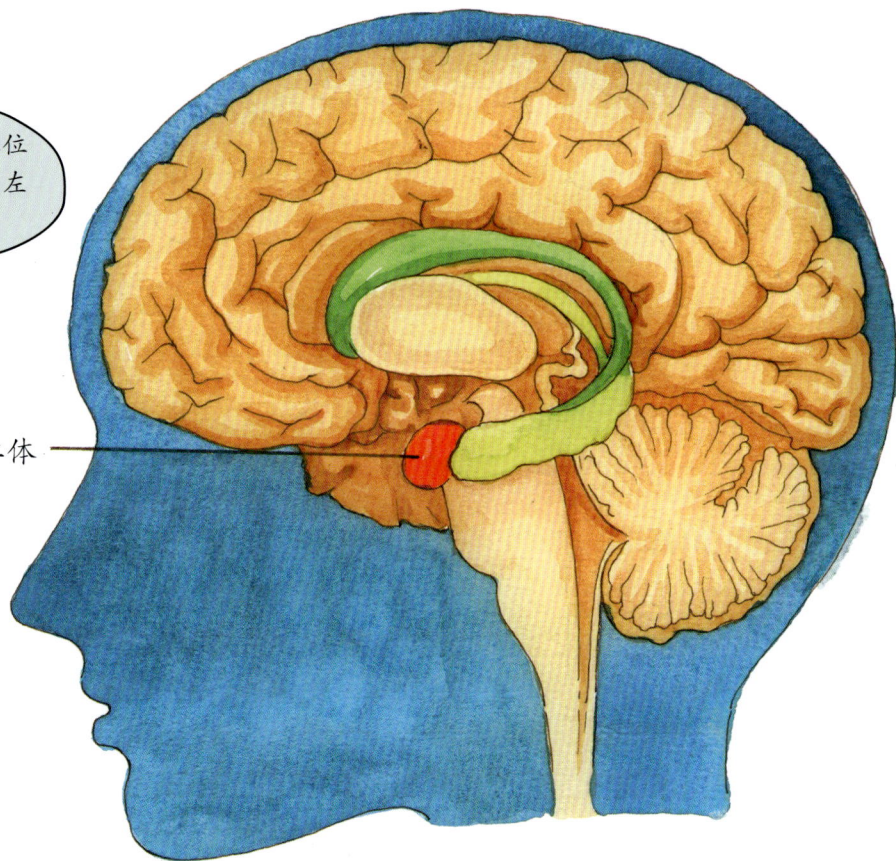

▶ 全身起鸡皮疙瘩

　　什么声音最令人难受？大多数人的回答是指甲刮过黑板或者玻璃的声音。这种声音频率介于2 000 ～ 5 000赫兹，人耳对这个频率的声音最为敏感。此时，杏仁体会向听觉皮质传达痛苦的信息，进而让人感到头皮发麻，甚至全身起鸡皮疙瘩。

▶ 谁打开了恐惧的盒子

突然看见可怕的狮子，在空无一人的房间听到怪异声音……这些恐怖的经历让我们毛骨悚然。其实，这只是杏仁体做出的情绪反应。

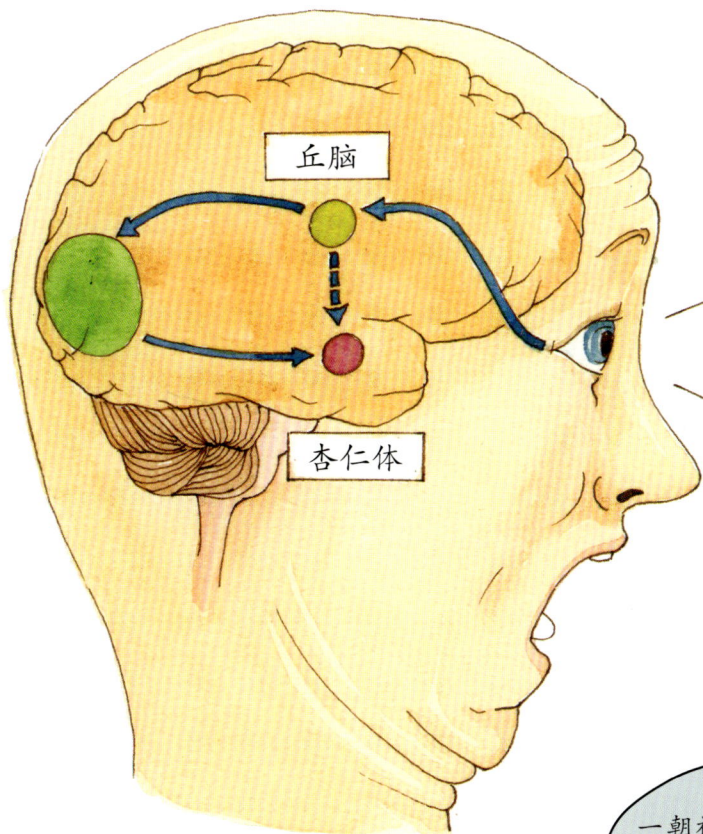

丘脑

杏仁体

▶ 惊恐的反应有多快

快速反应：丘脑—杏仁体，立即使人产生本能防御，包括逃避、后退、闭眼、大喊，时间仅为12毫秒，是你眨眼速度的25倍。

慢速反应：丘脑—皮质分析—杏仁体，身体会在1～2秒产生一系列生理应急反应，如身体僵呆、心跳加快、血压升高等。

一朝被蛇咬，十年怕井绳。这些都是杏仁体过度发达和灵敏所致。

▶ 无所畏惧的人

杏仁体损伤的患者有能力体验开心、悲伤等其他感受，但就是不知道害怕。如果没有杏仁体，大脑中促使我们躲避危险的警报将荡然无存，从而无法短时间内躲避危险，甚至可能会靠近危险。

🔲 扫码领取

- ⊘ 科学实验室
- ⊘ 科学小知识
- ⊘ 科学展示圈
- ⊘ 每日阅读打卡

第5节 你不知道的大脑趣事

▶ 高耗能、高产出

虽然大脑的重量只占体重的 2%，但却消耗了人体静息状态下 20% 的氧气和能量，以保持人体活力及各项功能，这些能量足以点亮一盏 25 瓦的灯泡。所以不管和小伙伴夸口能在水下憋气多久，你的大脑只能"憋气" 5 ~ 10 分钟。

大脑需要的氧气要由心脏总流血量的 20% 来供应，比肌肉工作时所需的血液量还多。

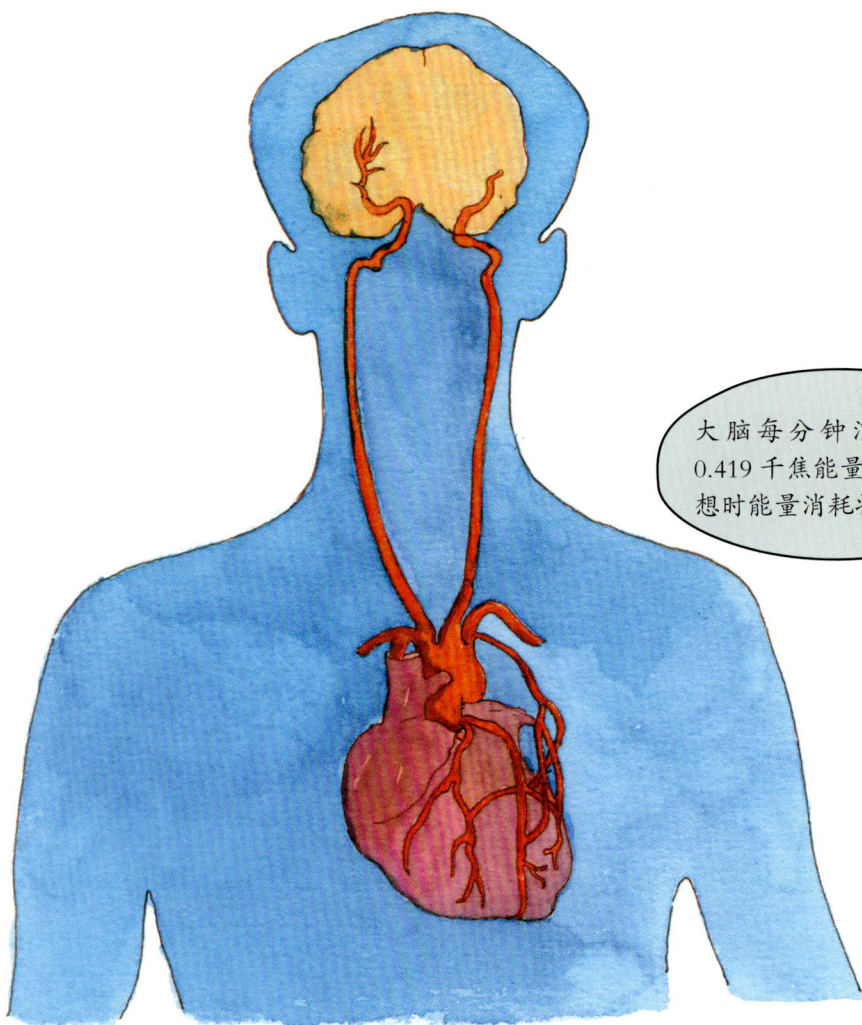

大脑每分钟消耗大约 0.419 千焦能量，冥思苦想时能量消耗将加速。

▶ 全身最"胖"的器官

别再抱怨肚子、大腿、手臂上的脂肪了，大脑才是身体里最"胖"的地方：它干重的60%都是脂肪，而且占据了人体总胆固醇总量的25%。所以你最好去做一些数学题来"燃烧"大脑的脂肪。

▶ 脑子"进水"了

大脑的主要成分是水，占整个大脑重量的80%，所以看起来就像一块豆腐。但是它不是方的，而是圆的；也不是白的，而是淡粉色的。除此之外，大脑还有1.7L的血液和脑脊液。

元宇宙图书时代已到来
快来加入XR科学世界！
见此图标 🔲 微信扫码

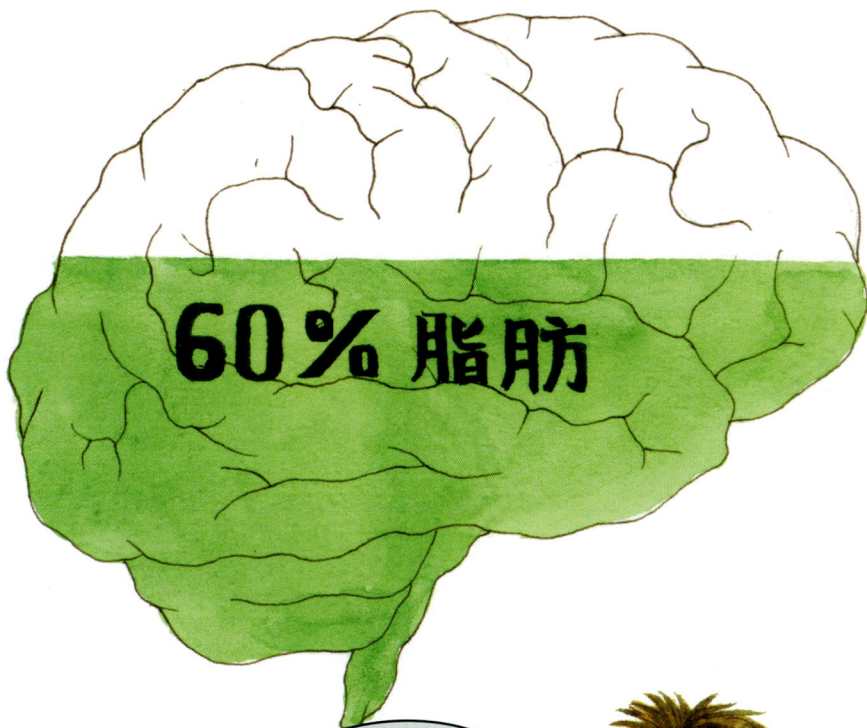

60% 脂肪

看来我的脑子真的"进水"了！

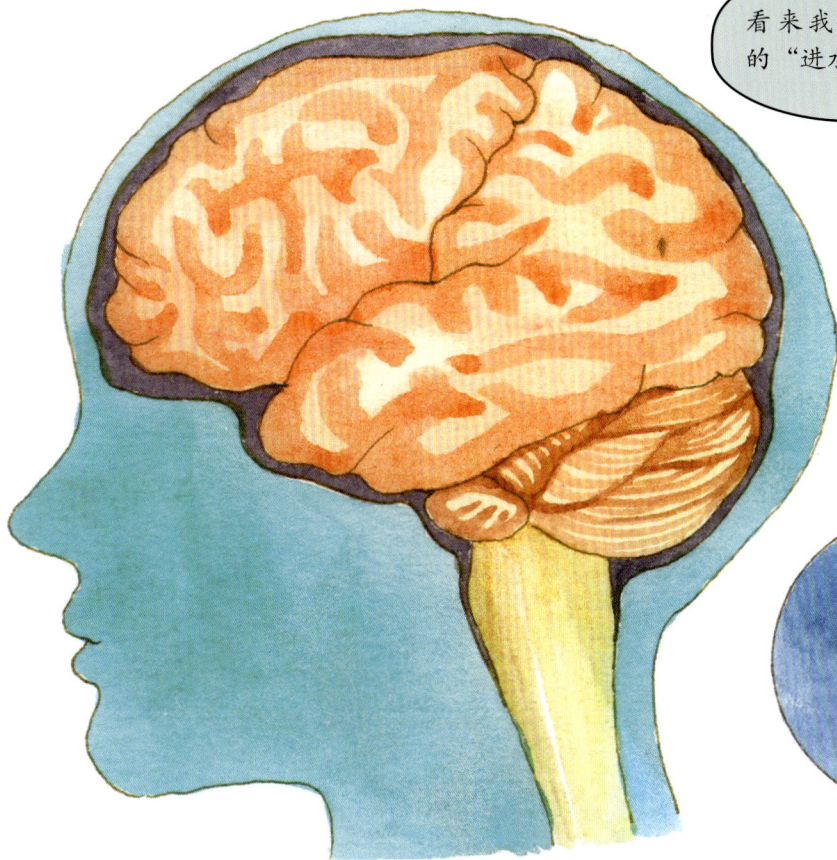

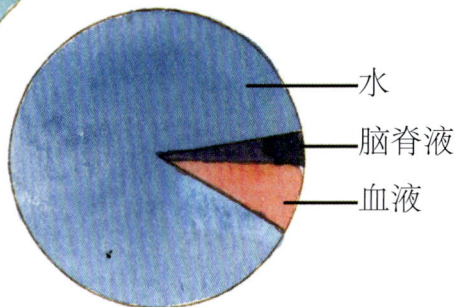

水
脑脊液
血液

▶ 感性和理性合二为一

　　大脑的左半球控制着你身体的右侧部分及视觉的右侧区域，大脑的右半球则正好相反。如果掐自己的左脚脚趾，疼痛感的处理却是在右脑完成的。左右脑协同工作，左脑侧重于理性思维，善于推理，逻辑性强；右脑侧重于感性思维，善于创新，跳跃性强。

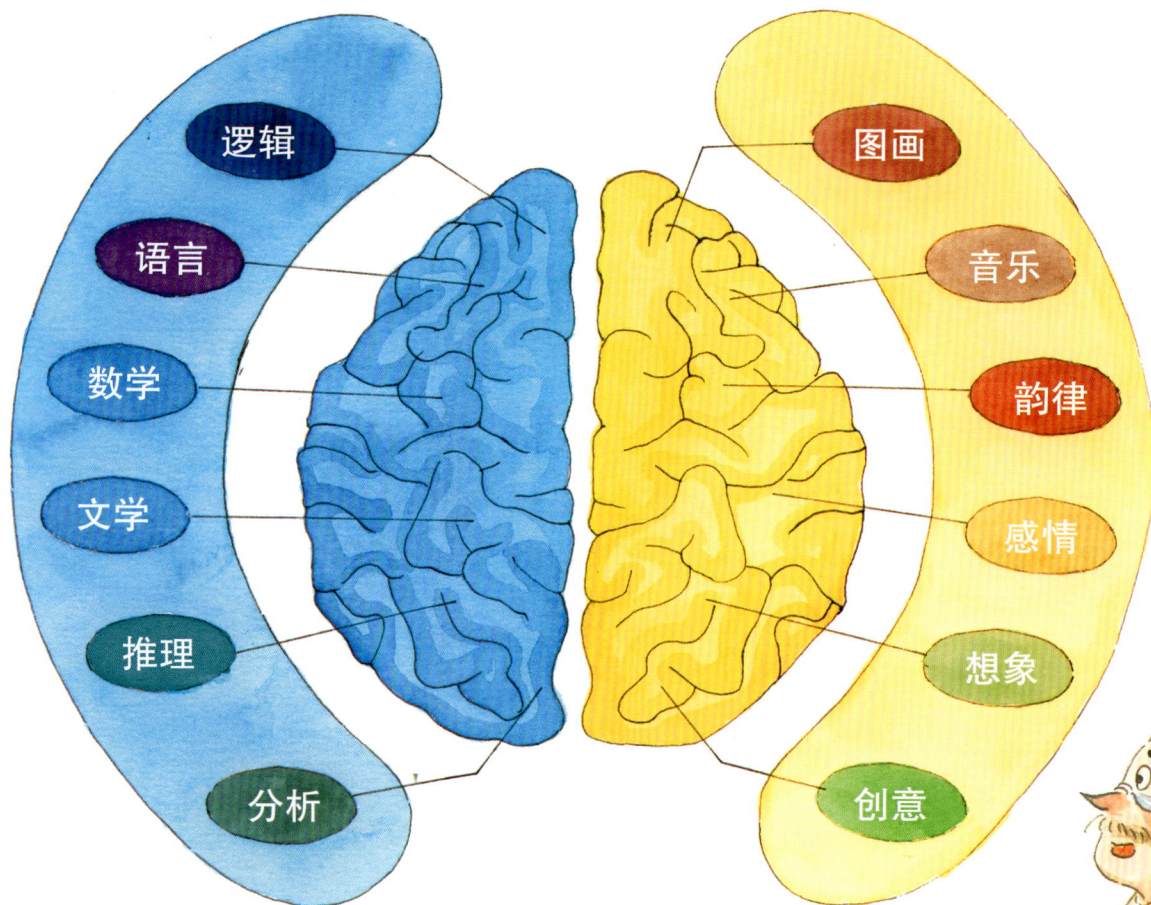

逻辑
语言
数学
文学
推理
分析

图画
音乐
韵律
感情
想象
创意

　　脑分为左、右两个半球，基本可以看作互为镜像。这种大脑分布方式是有好处的，当其中之一受到损害时，另一半将替代它来工作（虽然并非总是如此）。这有点像你有两只耳朵和两只眼睛一样——为你准备了一个备用品。

人的每个决定都由左右脑共同完成，差别只在于贡献不一样。

▶ 把倒的正过来

大脑会将颠倒的图像"拨乱反正"。也就是说，如果视网膜接收到的图像是倒立的，在视神经将图像信息传往大脑的过程中，大脑会自动将图像颠倒过来。

元宇宙图书时代已到来
快来加入XR科学世界！
见此图标 微信扫码

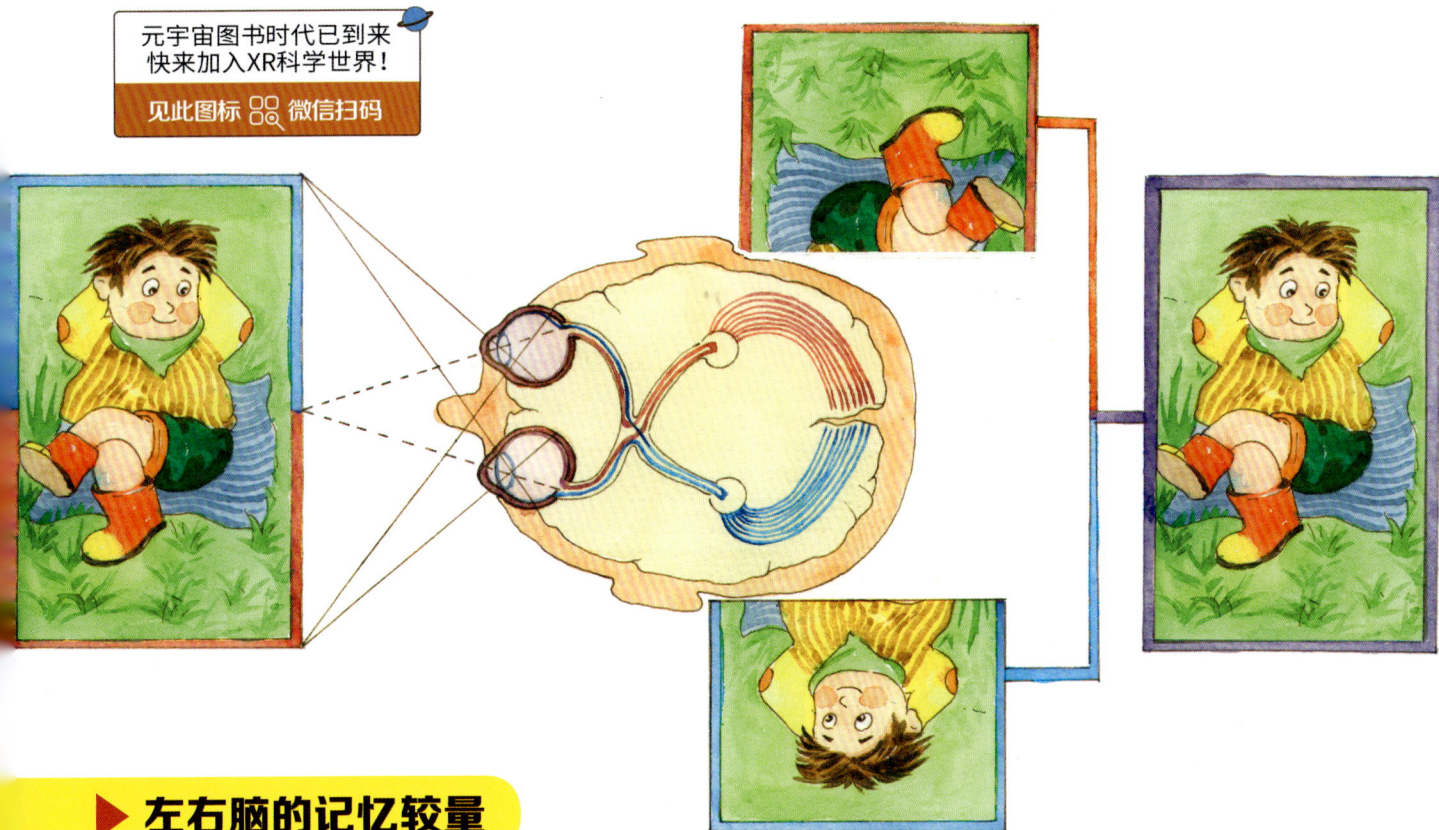

▶ 左右脑的记忆较量

人的表层意识位于大脑的左半球，深层意识（潜意识）位于大脑的右半球。左脑的记忆回路是低速记忆，而右脑的是高速记忆，这两种记忆力的比例为 1 ： 100 万。

6 周前的婴儿大脑还没发育完成，他（她）看到的是一个颠倒的世界。

▶ 寻找你的身体优势边

大多数人的身体都有一个"优势边"——也就是人们写字或者完成其他日常任务最常用的那一边。如果你是右利手（右撇子），这意味着你的左脑占据优势，反之则是右脑占优势。

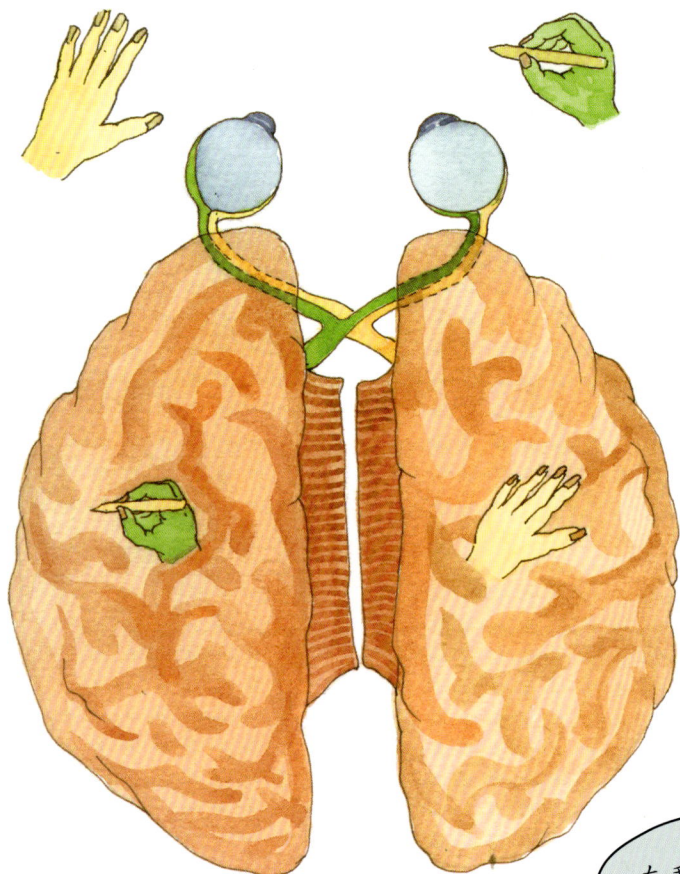

▶ 意想不到的左手运动优势

由"看"到"动"，右撇子走的是"大脑右半球—大脑左半球—右手"的路线，而左撇子的路线是"大脑右半球—左手"。大脑通过中枢神经传递信息到身体的左侧，比传递到右侧要快 15/1 000 秒，这使惯用左手的人动作更敏捷。

左手的信息传递速度相对更快。

▶ 爱听甜言蜜语的左耳

如果你想对某个人说几句甜蜜的悄悄话，那么对着他（她）的左耳说会收到更好的效果。因为人的左耳是由右半脑控制的，右半脑正是负责处理情感的优势半脑。同时，左耳对声音刺激的反应更灵敏，甚至包括音乐和弦及音调。

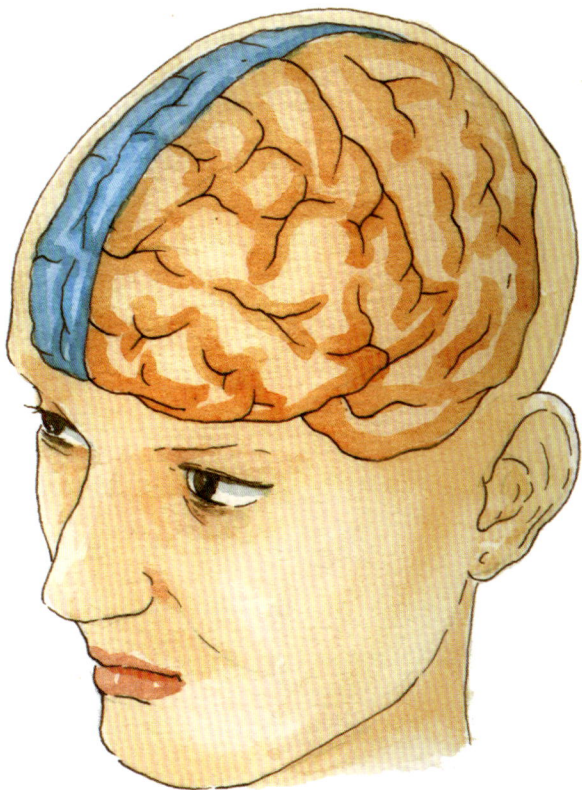

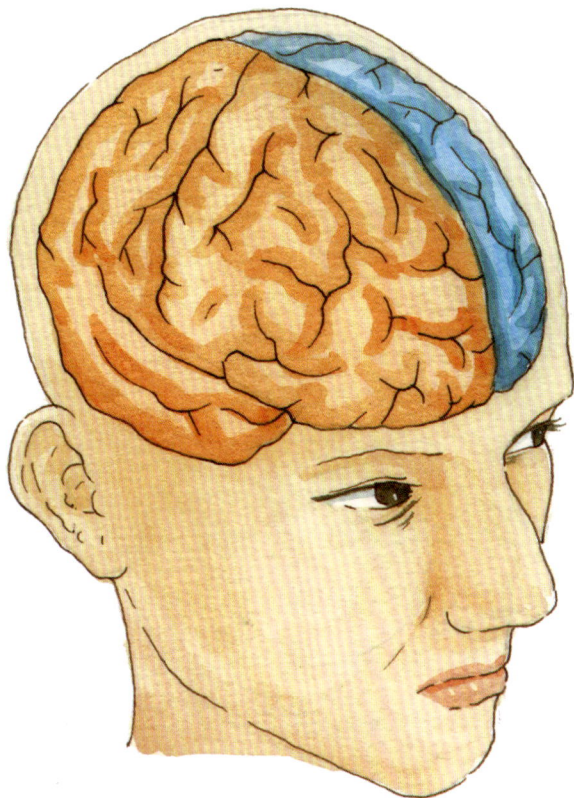

右耳更容易记住听到的话。

耳

▶ 善记忆的右耳

想让对方牢牢记住你说的话，则要对着对方的右耳说。科学家通过实验发现，人用右耳听的话比用左耳记得要牢。因为右耳听到的信息汇入左半脑，而左半脑比右半脑更具记忆优势，这种优势常随着年龄的增长而得到强化。

第 **7** 节　无比强大的大脑

▶数量惊人的大脑组件

　　人类大脑中有约 1 000 亿个神经元，相当于银河系内的恒星数量，加在一起的面积超过 4 个足球场。每一个神经元上最多会与 10 000 个神经元连接，因此大脑中的连接线路（神经纤维）数量是当今最先进的电脑芯片连接线路的 50 万倍。

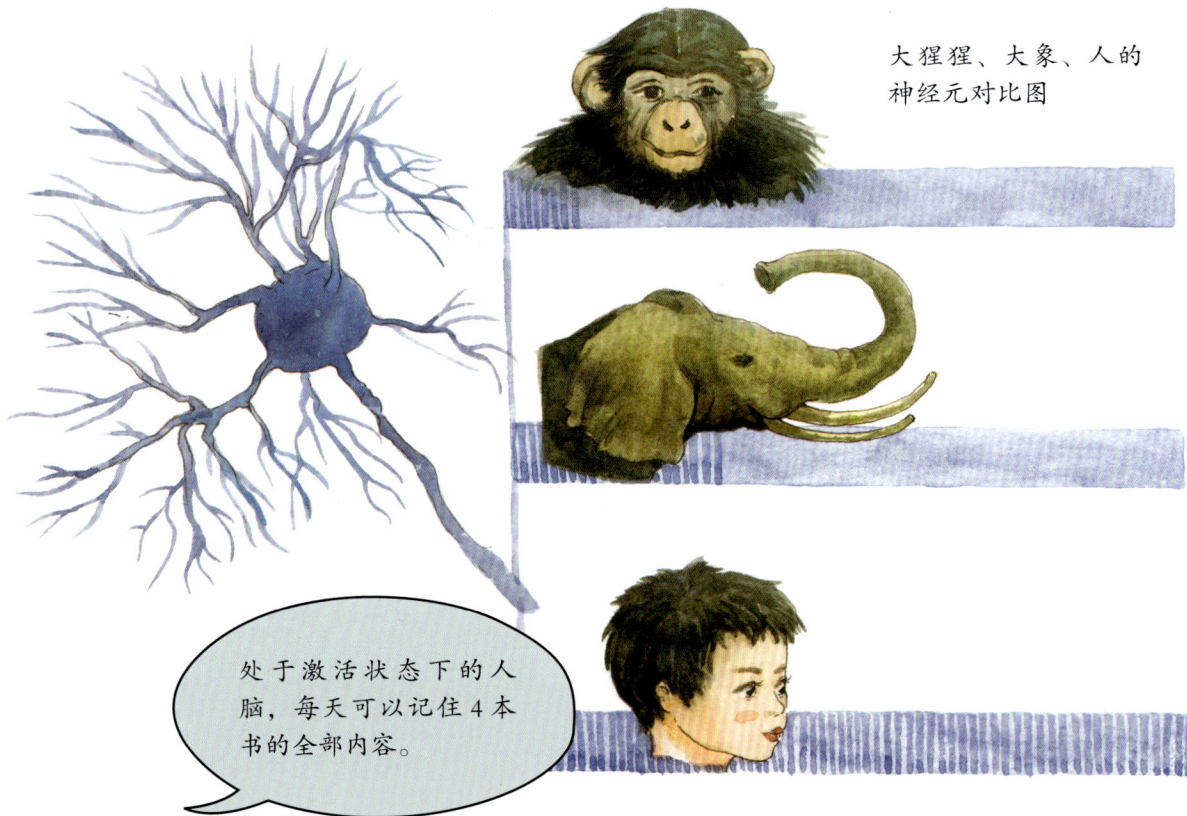

大猩猩、大象、人的神经元对比图

处于激活状态下的人脑，每天可以记住 4 本书的全部内容。

▶巨大的信息储存库

　　据估计，人的一生能凭记忆储存约 100 万亿条信息。一个人的脑储存信息的容量相当于 10 000 万个藏书为 1 000 万册的图书馆。这样的储存能力可与 1 万台计算机的储存容量相媲美。

▶ 超强处理系统

我们的大脑平均每24小时会产生4 000种念头，能够建立100万亿个联结，比最尖端的计算机还厉害。尽管人的五官时刻都在捕捉各种情报，但经过大脑处理的，仅占实际情报的1%，其余的99%都被打入"冷宫"。

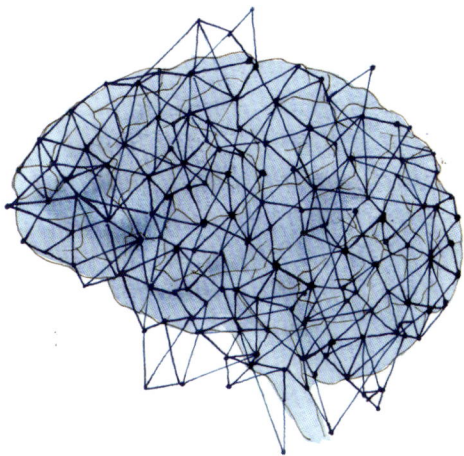

▶ 比子弹列车还要快

大脑处理信息的速度最慢相当于0.5米/秒，最快相当于120米/秒。我们的思考速度大约是772.5千米/时，速度超过最快的子弹头列车的速度。

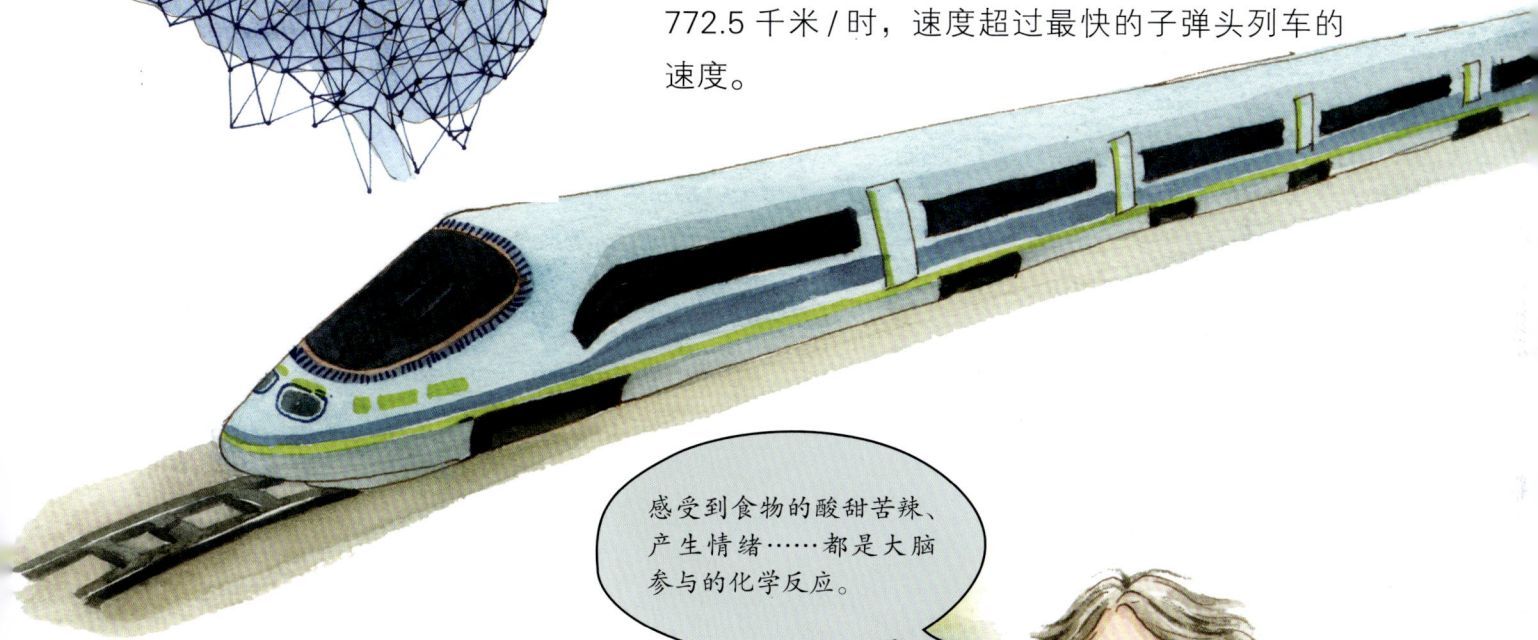

> 感受到食物的酸甜苦辣、产生情绪……都是大脑参与的化学反应。

▶ 超级化学实验室

大脑每秒钟发生超过10万种化学反应，堪称"化学实验室"，是我们身体里面化学反应发生最多的场所。

扫码领取

- ⊘ 科学实验室 ⊘ 科学小知识
- ⊘ 科学展示圈 ⊘ 每日阅读打卡

▶ 大脑是如何进化的

　　大约在 8.5 亿年前，在移动或进食时，单细胞动物会释放和接受化学信号或者传递电信号。随着多细胞动物的出现和进化，细胞之间有了相互间的信息传递，并逐步发展出网状的神经系统。随后，蠕虫类动物身上出现了头神经节形式的神经中枢萌芽,最原始的大脑出现了。

元宇宙图书时代已到来
快来加入XR科学世界！
见此图标 微信扫码

越是高级的动物，
大脑皮质就越高级。

▶ 你的大脑仍在生长

　　大脑是人身上唯一一个可以终身发育成长的器官。大脑里有 1 000 亿个神经元，每天凋亡 10 万个。但通过学习、思考，神经元仍会产生新的网络联系。一个神经元大约可以和 10 000 个同类神经元发生联系，这种"重新布线"将会促使大脑无限生长。

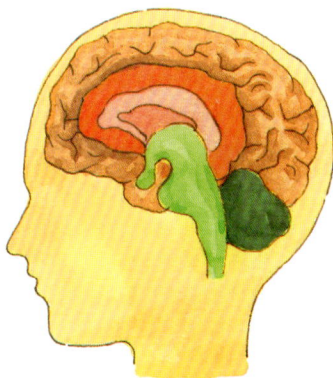

▶ 漫长的人脑进化历程

在人类进化的过程中，脑的发育使人类制造和使用工具的能力越来越强，并且产生了语言能力，使其适应环境的能力越来越强，由下图可见人类进化过程中最显著的变化之一是脑容量的增加。

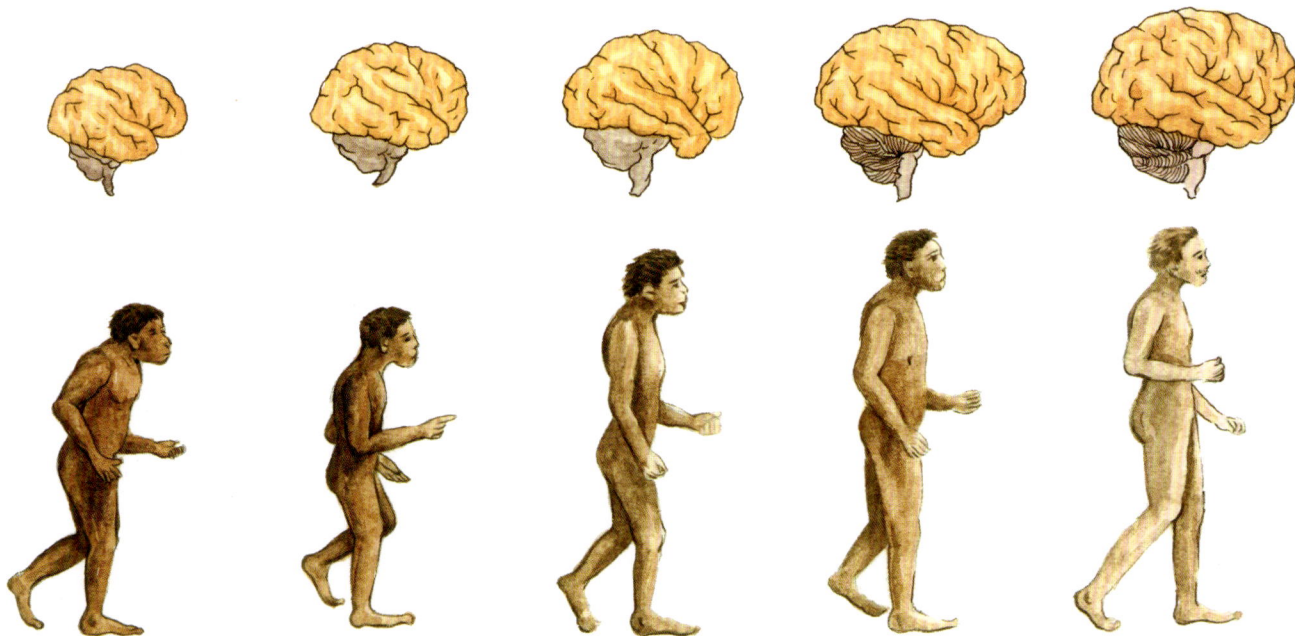

▶ 解不开的人脑进化之谜

一些经典理论认为是语言和工具的使用促使了人脑的进化。还有理论认为人脑进化与饮食有一定的关系，更好的食物使得我们的大脑能茁壮成长。真正的答案至今仍是一个谜。

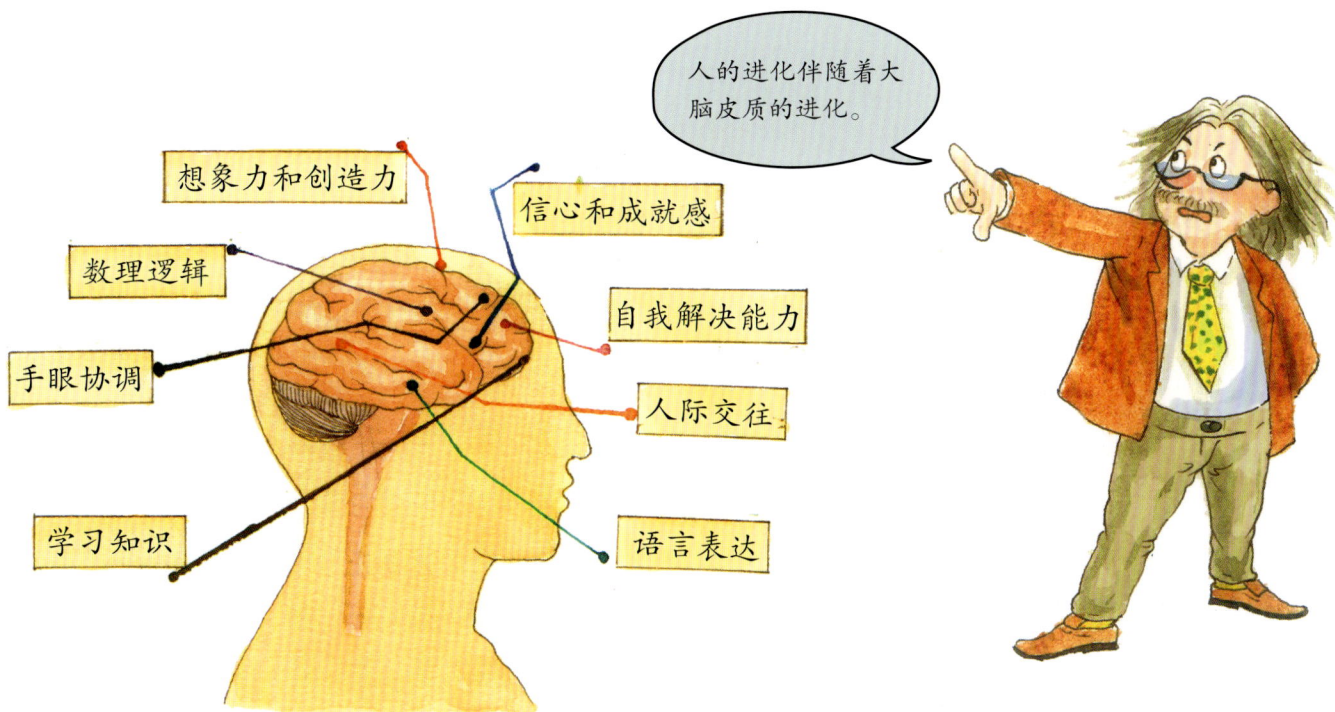

人的进化伴随着大脑皮质的进化。

想象力和创造力

信心和成就感

数理逻辑

自我解决能力

手眼协调

人际交往

学习知识

语言表达

▶ 儿童的大脑是怎样的

宝宝刚出生时，大脑只有成人的 1/4 大小，2 岁时达到成人的 3/4，5 岁时大小及容量接近成人。

出生婴儿的大脑

3 个月婴儿的大脑

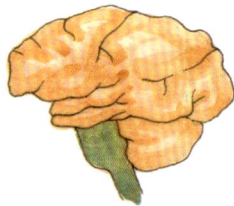

1 岁婴儿的大脑

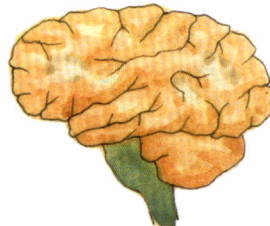

2 岁婴儿的大脑

▶ 青少年的大脑在不断"修剪"

青少年的大脑是一幅蓝图，而不是已经建成的摩天大楼。从儿童时期到成年，大脑的发育不是一朝一夕形成的，必须经过青少年时期不断"修剪"旧的神经元联结，同时形成新的神经元联结的过程。

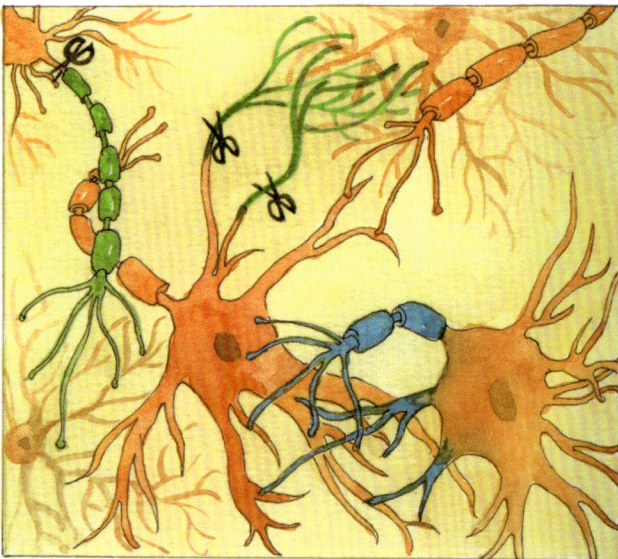

旧的神经元陆续断开

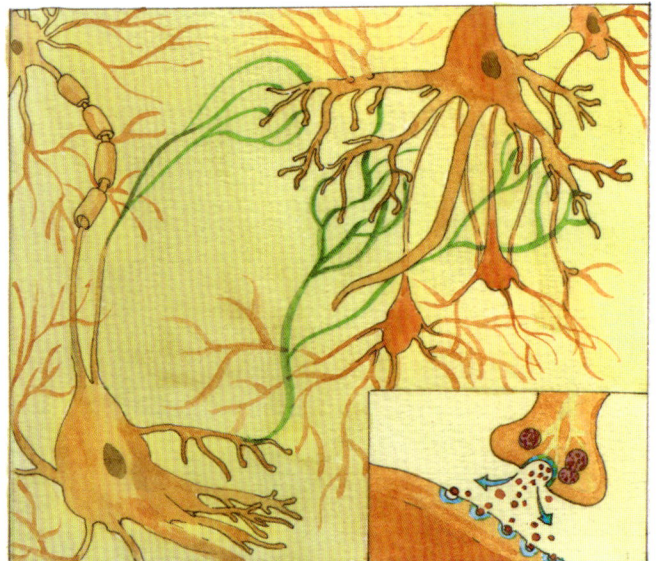

新的神经元不断生成

大脑进化的第一阶段发生在 2.5 亿年前，被称为"爬虫脑"。人类的爬虫脑位于大脑最里面，它不受意志控制，执着于自我防卫。其演化是为了生存，因此它控制着生命的基本功能，如心跳、呼吸、进食和繁殖等功能。

爬虫脑主要功能

当爬虫脑被激活时，它将成为最优先的大脑，其他部分包括感性和理性功能都排在它后面。

▶ 哪个脑区最年轻

新皮质是哺乳动物大脑的一部分，是最晚出现的脑区。越是高级的动物，其大脑新皮质越发达。人类新皮质约占全部皮质的 96%，与一些高等功能，如知觉、空间推理、意识及语言等有关系。

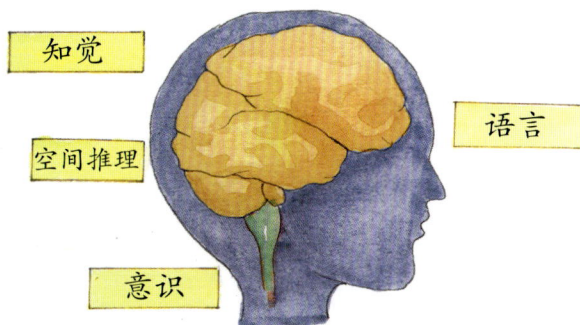

知觉

空间推理

语言

意识

新皮质主要功能

第 **9** 节　大块头未必有大智慧

▶ 脑越大就越聪明

一般来说，相对脑容量越大，动物越聪明。原来，大脑的很大一部分都用来控制身体的行动，身体越大就需要这部分大脑越大。蓝鲸的大脑重约 9 200 克，是世界上最大的脑，不过它并不见得比人类要聪明。

我的大脑真小！

攥紧你的双拳——这正是你大脑的体积。爱因斯坦的大脑只有 1 230 克，而成年男性的大脑平均重 1 400 克，这说明大脑重量与智商无关。对比其他动物，人类的脑部与体重比例是最高的。比例越高，大脑皮质的褶皱就越多，智商也就越高。

·40·

▶ 世界上最聪明的人

韩国人金恩荣的智商高达 210，是世界上最聪明的人之一。他出生于 1962 年，5 个月能走路和说话，7 个月能写字和下棋，3 岁学微积分，4 岁时就能读能写日、韩、英、德四国文字，15 岁前获得了物理学博士学位。

> 海星类及所有棘皮动物的神经系统都是分散的，不形成神经节或神经中枢。

▶ 没头没脑也能活

海星、海胆、水母等无脊椎动物不会思考任何事情，因为它们根本没有大脑。它们的行动由遍及全身的简单的神经网控制。除非进化出主要骨骼，不然它们是不会进化出脑部的。

元宇宙图书时代已到来
快来加入XR科学世界！
见此图标 微信扫码

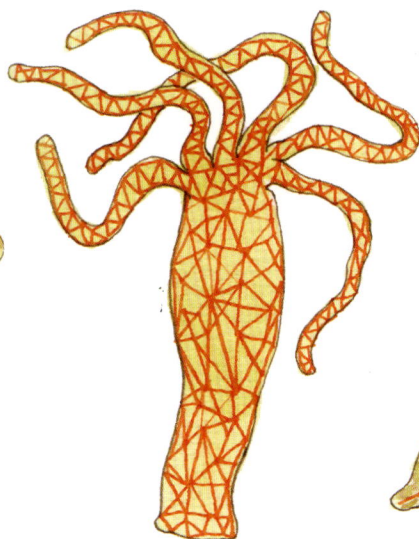

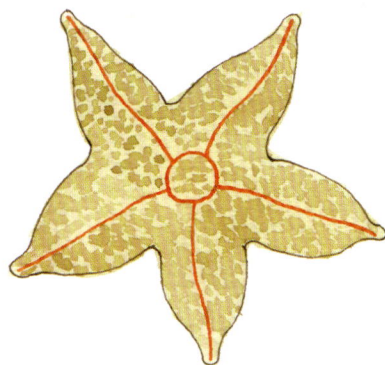

▶ 竟然不止一个脑

章鱼有 9 个脑，除了 1 个主脑，另外 8 个脑生长在它的触腕上。借助触腕上的微型大脑，章鱼的每只触腕都可以不受主脑控制而自由活动。主脑只需要传递"攻击"的命令，触腕上的脑就会自行推算敌人的位置在哪里。

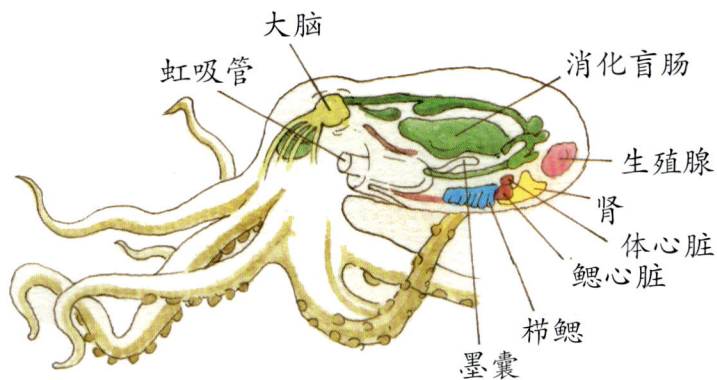

大脑
虹吸管
消化盲肠
生殖腺
肾
体心脏
鳃心脏
栉鳃
墨囊

大脑也有性别之分，男性和女性的行为方式、情绪表现存在差别，原因就在于男性和女性的大脑存在不少生理学差异。

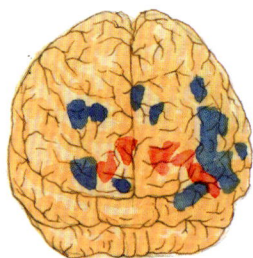
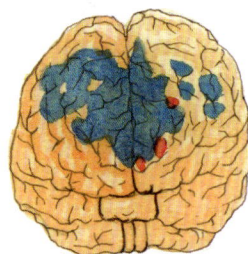

● 白质

● 灰质

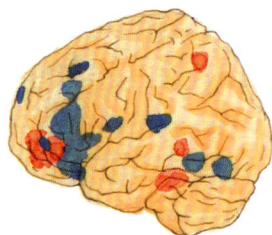
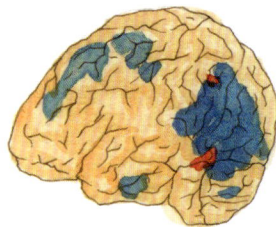

女性　　　　　　　　　　　男性

大脑的性别差异是天生的。

男女大脑中的灰质和白质的比例不同。男性脑中白质比例大，更容易将信息传输到不同脑区，提高了空间能力，因而他们在辨别方向、追踪目标、解决数学问题上有明显优势；女性多灰质，她们更富有语言优势，并能同时进行多项活动。

大脑的胼胝体形状不一样。女性胼胝体后部比男性大，呈球状；男性较小，呈管状。胼胝体负责左右脑信息交流，后部主管视察信息，所以女性可以不太费力地观察到很多男性注意不到的细节。

女性的左右脑联系比男性更加紧密，男性则是前后脑连接更紧密。

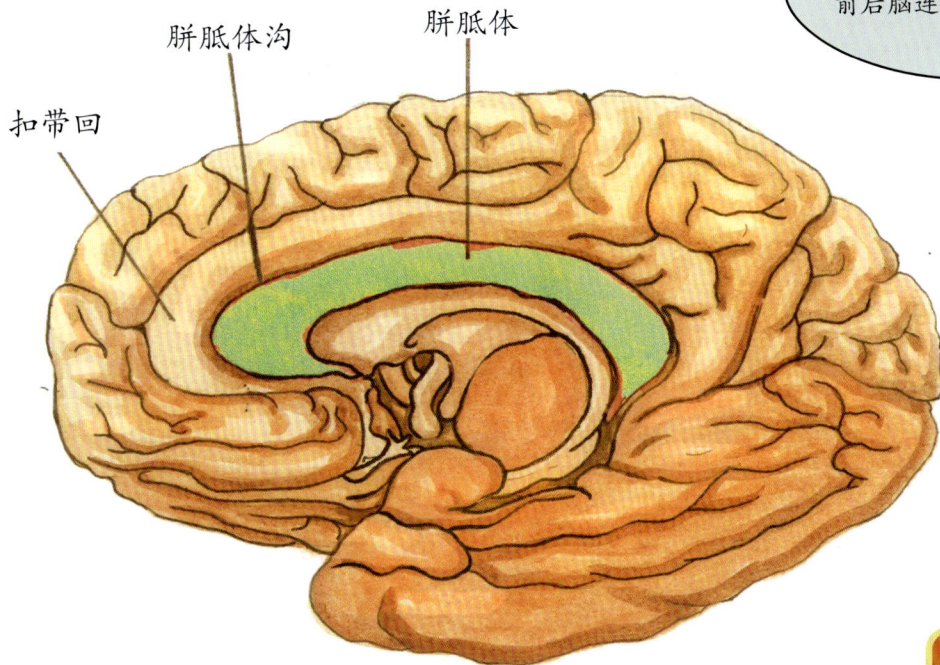

扣带回　胼胝体沟　胼胝体

大脑连接左右半脑的前连合男女有别。前连合主要与人的本能行为和情绪活动关系密切。女性的前连合比男性大，所以，女性在情感方面反应更为敏感，情绪活动也较为复杂。

扫码领取
- 科学实验室
- 科学小知识
- 科学展示圈
- 每日阅读打卡

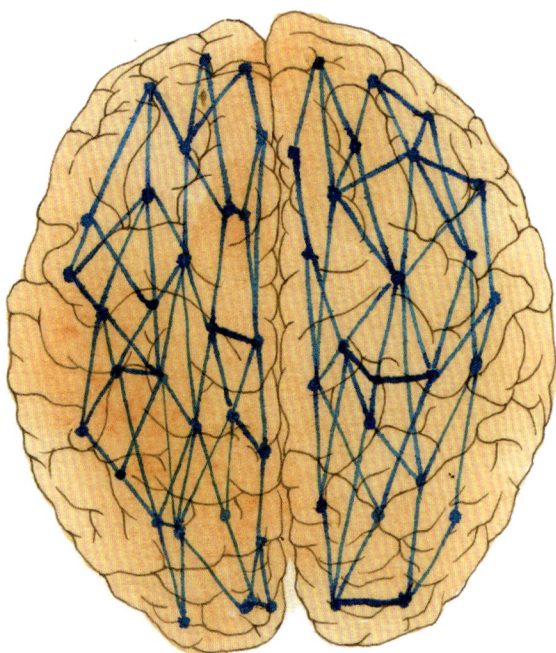

男性

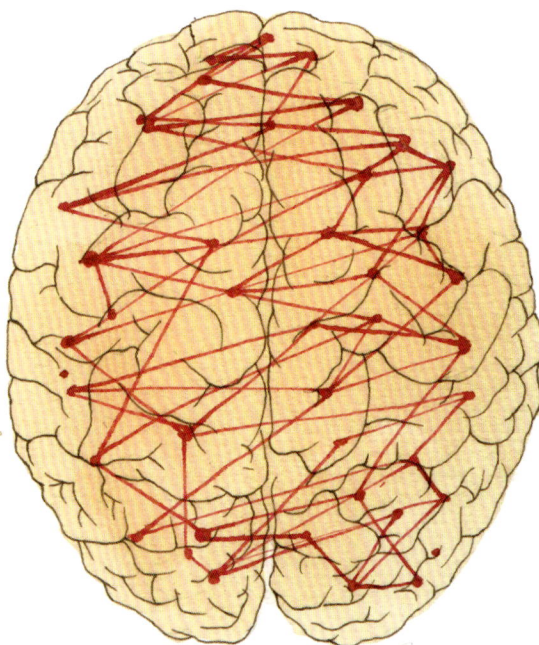

女性

第 11 节 奇妙的神经系统

▶ 什么组成了我们的神经系统

神经组织是神经系统的主要组成成分，它包括神经细胞和神经胶质。

神经细胞是神经系统的结构和功能单位，又称为"神经元"。

神经胶质又称为"神经胶质细胞"，数量比神经元多 10 ～ 50 倍，主要分布于神经元之间。

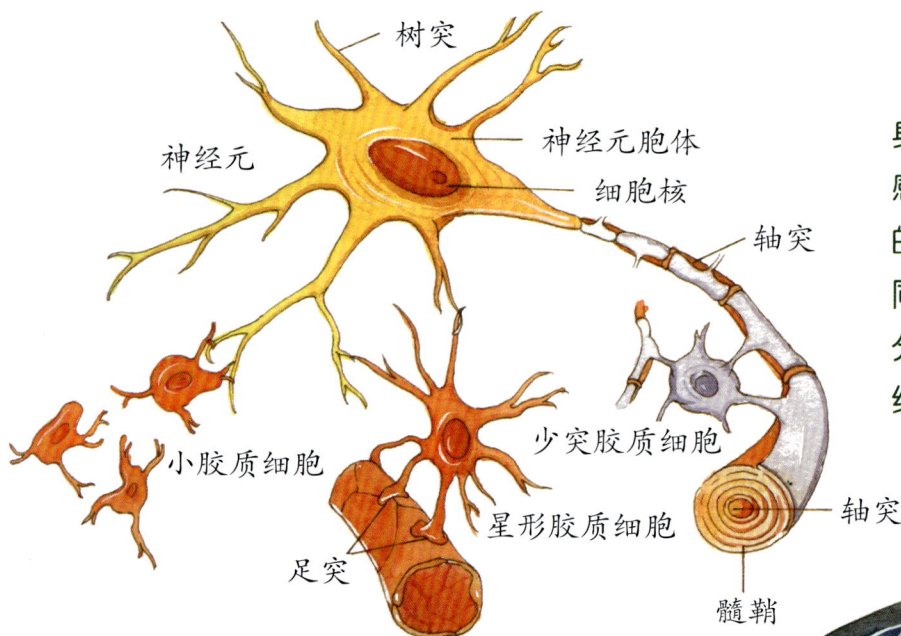

树突

神经元

神经元胞体

细胞核

轴突

小胶质细胞

足突

星形胶质细胞

少突胶质细胞

轴突

髓鞘

脑通过神经网络连接着身体各部位。神经让脑能够感知身体的感觉、控制身体的反应。脑、脊髓和神经共同组成神经系统。神经系统分为中枢神经系统和周围神经系统两大部分。

神经组织是特化的传导电化学信号的结构，构成脑、脊髓和分布到身体各部分的神经系统。

扫码领取

⊙ 科学实验室　⊙ 科学小知识
⊙ 科学展示圈　⊙ 每日阅读打卡

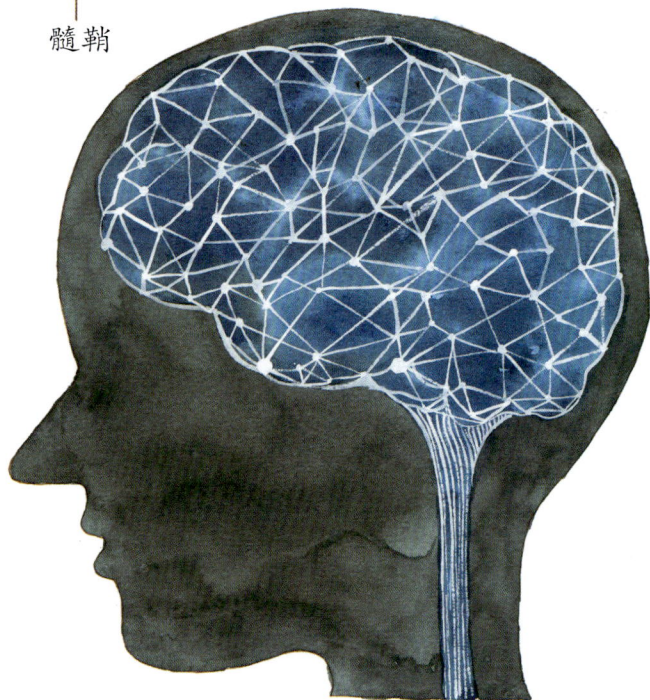

神经元是组成神经系统的基本单位，它通过接受、整合、传导和输出信息来实现大脑里的信息交换。神经元分为胞体和突起两部分：胞体包括细胞膜、细胞质和细胞核；突起由胞体发出，分为树突和轴突。

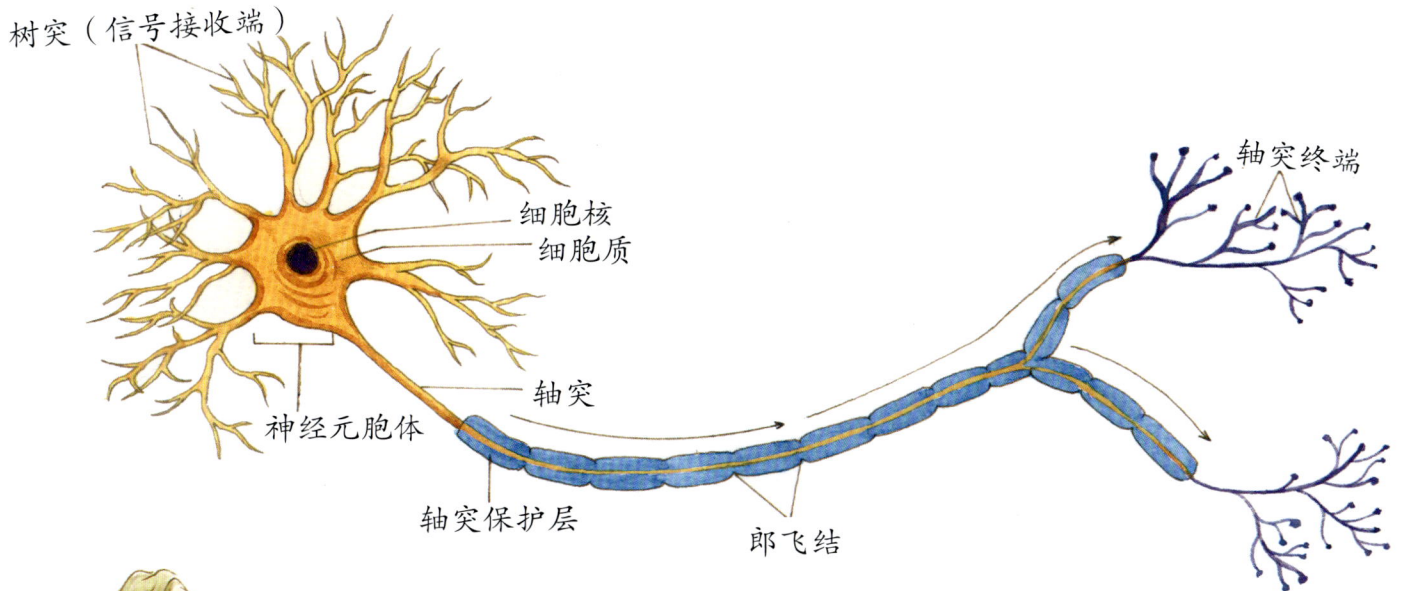

树突（信号接收端）

轴突终端

细胞核
细胞质

轴突

神经元胞体

轴突保护层

郎飞结

▶ **神经元之间如何建立联系**

神经元按功能分主要为感觉神经元、中间神经元和运动神经元。每个神经元看起来就像一棵小小的树，它们向外伸展出许多枝干，与其他神经元建立联系。

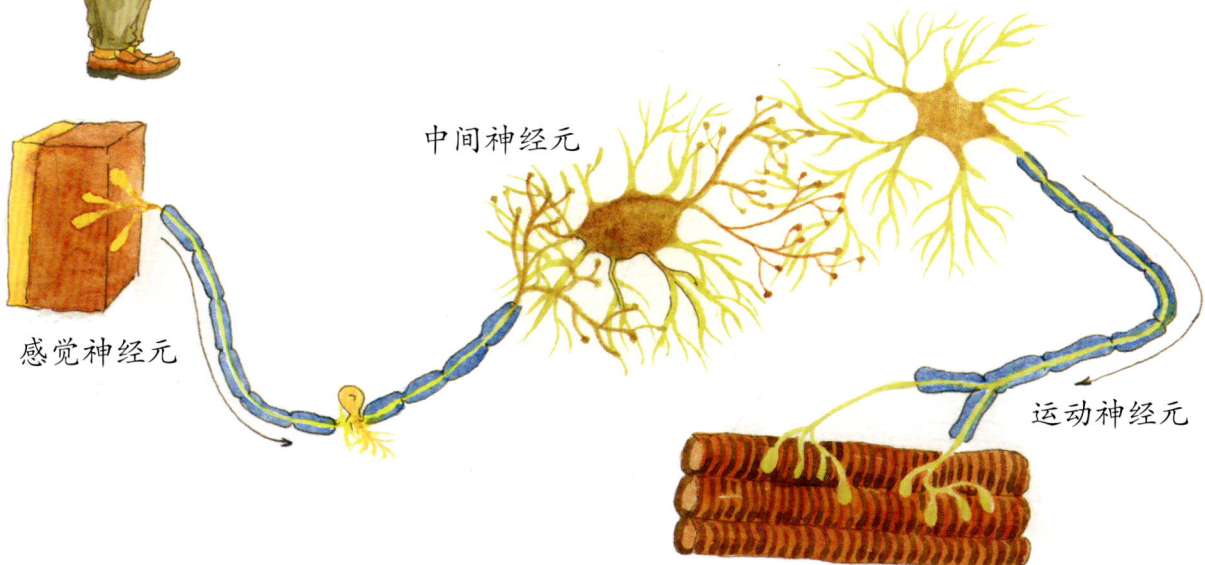

1000 亿个神经元形成的联结和通路，意味着会有数万亿个想法。

中间神经元

感觉神经元

运动神经元

▶ 谁在保护微小的神经元

神经胶质是神经元的"个人助理"，为神经元带来营养和氧气，保护它们免受病原体的侵扰，并保持一个适宜的环境。神经胶质能够影响神经元之间的联系，并协助判定是否应增强这些联系。

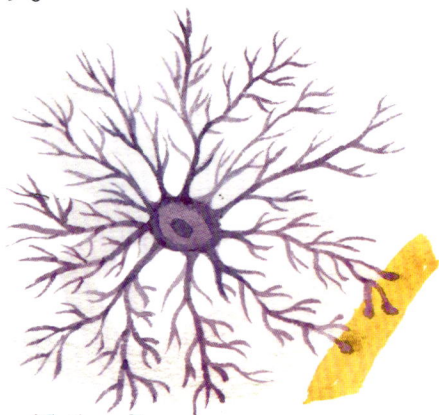

原浆性星形胶质细胞

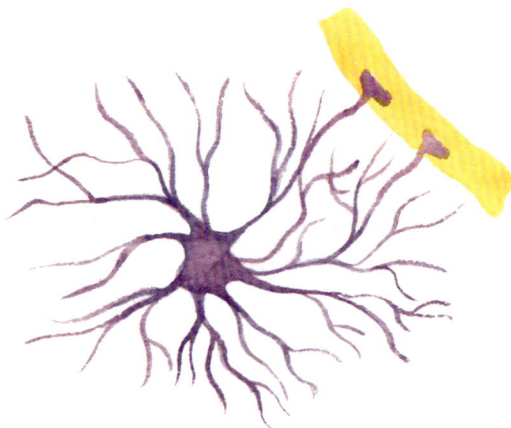

纤维性星形胶质细胞

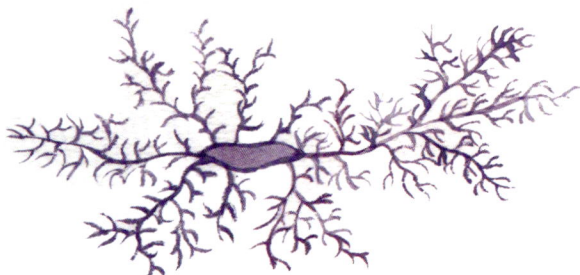

小胶质细胞

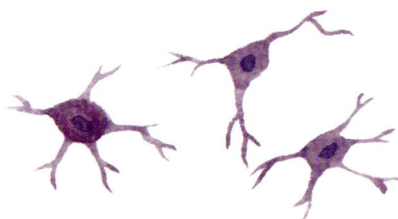

少突胶质细胞

▶ 身体能发电吗

沿着神经通道传递的信号是一股微弱的电流。神经元之间有一个狭窄的间隙叫突触，它会释放出一种叫神经递质的化学元素，这种化学元素可以穿过突触间隙，使邻近的神经元产生电信号。

神经胶质不会产生电信号。

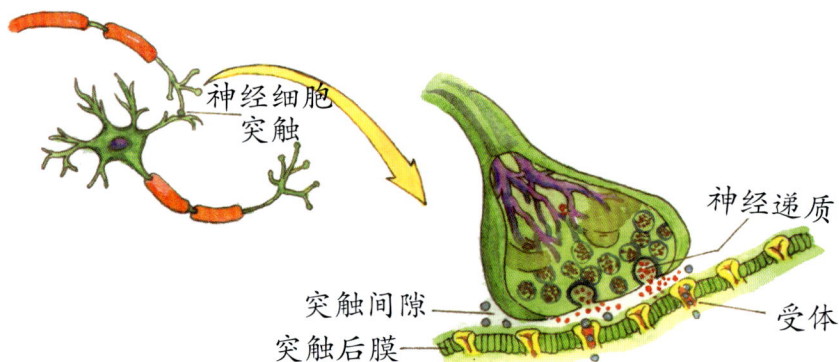

神经细胞突触

神经递质

突触间隙

突触后膜

受体

▶ 四通八达的神经网络

大脑皮质的神经元周围有超过 1 万个分支的树突，其中包括数万亿的联结整齐地叠放在大脑里，它们与其他 20 万个神经元相连。代表视觉、听觉、思维、情绪和动作的神经信号在这个巨大的网络中穿梭。

▶ 脊柱里的高速公路

脊髓是神经系统传递信息的主干道，它从脑干伸出，贯穿脊柱，周围又分出神经通路，通往全身各处。大脑接收和发出的大部分信号都是通过脊髓传递的，身体里的信号也是沿着脊髓传递，再通过神经传到全身各处。

信息从身体传输到大脑只需要 0.01 秒。

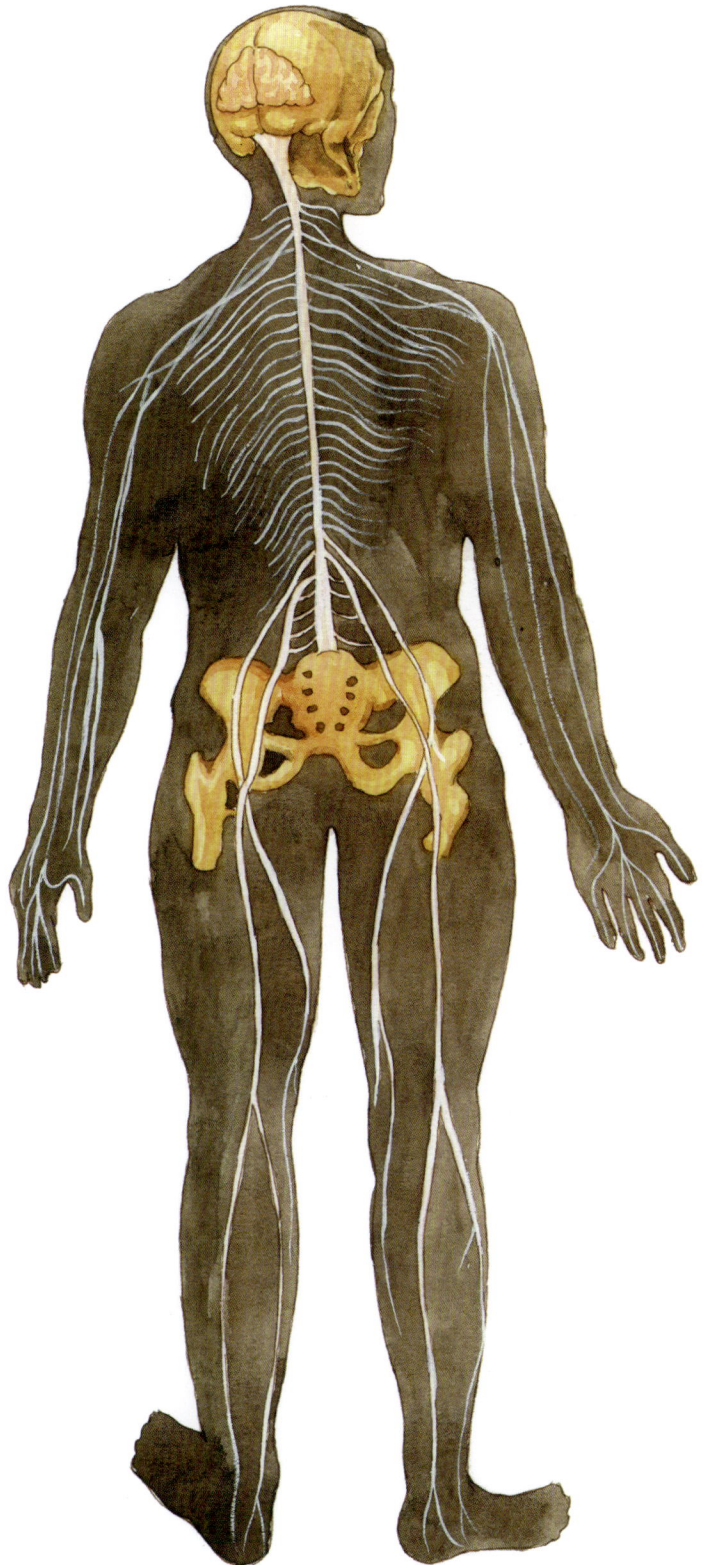

▶ 在身体里飞奔的信号

来自感觉器官的信号沿着神经奔向脑部，告诉大脑发生了什么事，例如口渴了。此时，大脑会对信号做出反馈，即发出反馈信号沿着神经送往身体的具体部位，告诉身体做出相应的反应——来一杯美味的饮料。

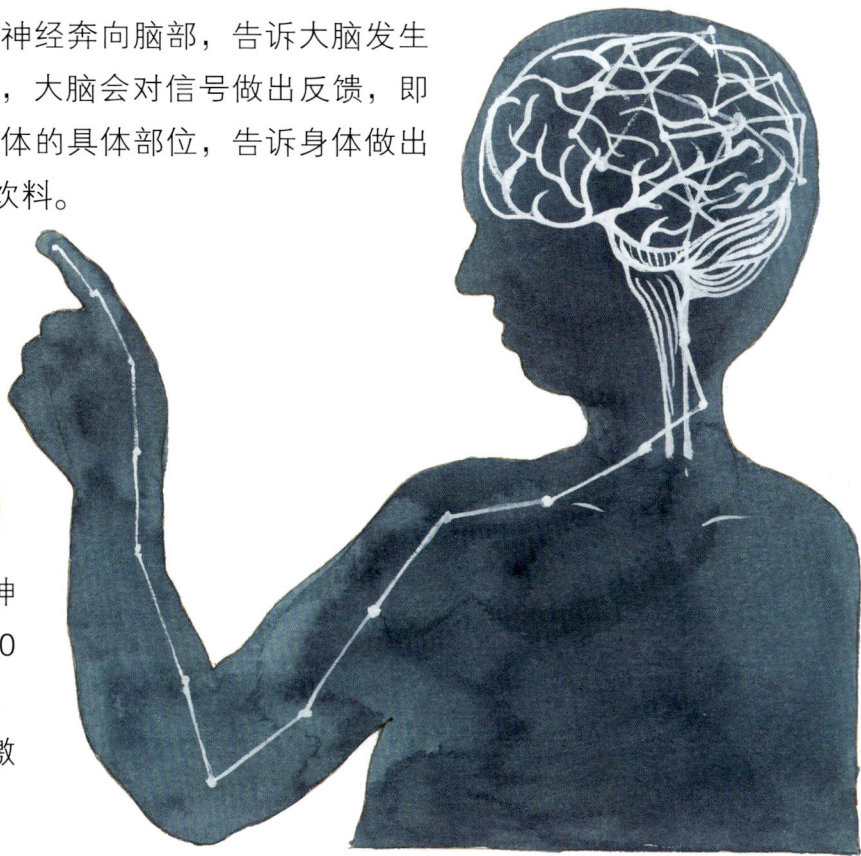

▶ 思考是怎样形成的

大脑里约有 1 000 亿个神经元，每个神经元可能与 1 000 个以上的同类相连，形成通路。根据思考问题的不同，就会激活相应不同的通路。

在一秒钟内动一根手指需要上百万个信号。

▶ 中枢神经系统如何工作

中枢神经系统包括脊髓和脑，主要功能是传递、储存和加工信息，产生各种心理活动，支配与控制身体的全部行为。中枢神经能够聚集从眼、耳等处传来的感觉信息，并将命令传导至肌肉。

▶ 周围神经系统如何工作

周围神经系统是指脑和脊髓以外的所有神经结构，分为脑神经、脊神经。周围神经系统由感觉神经、运动神经组成，感觉神经向中枢神经系统传递感觉信息，包括视觉、听觉、味觉、触觉等。

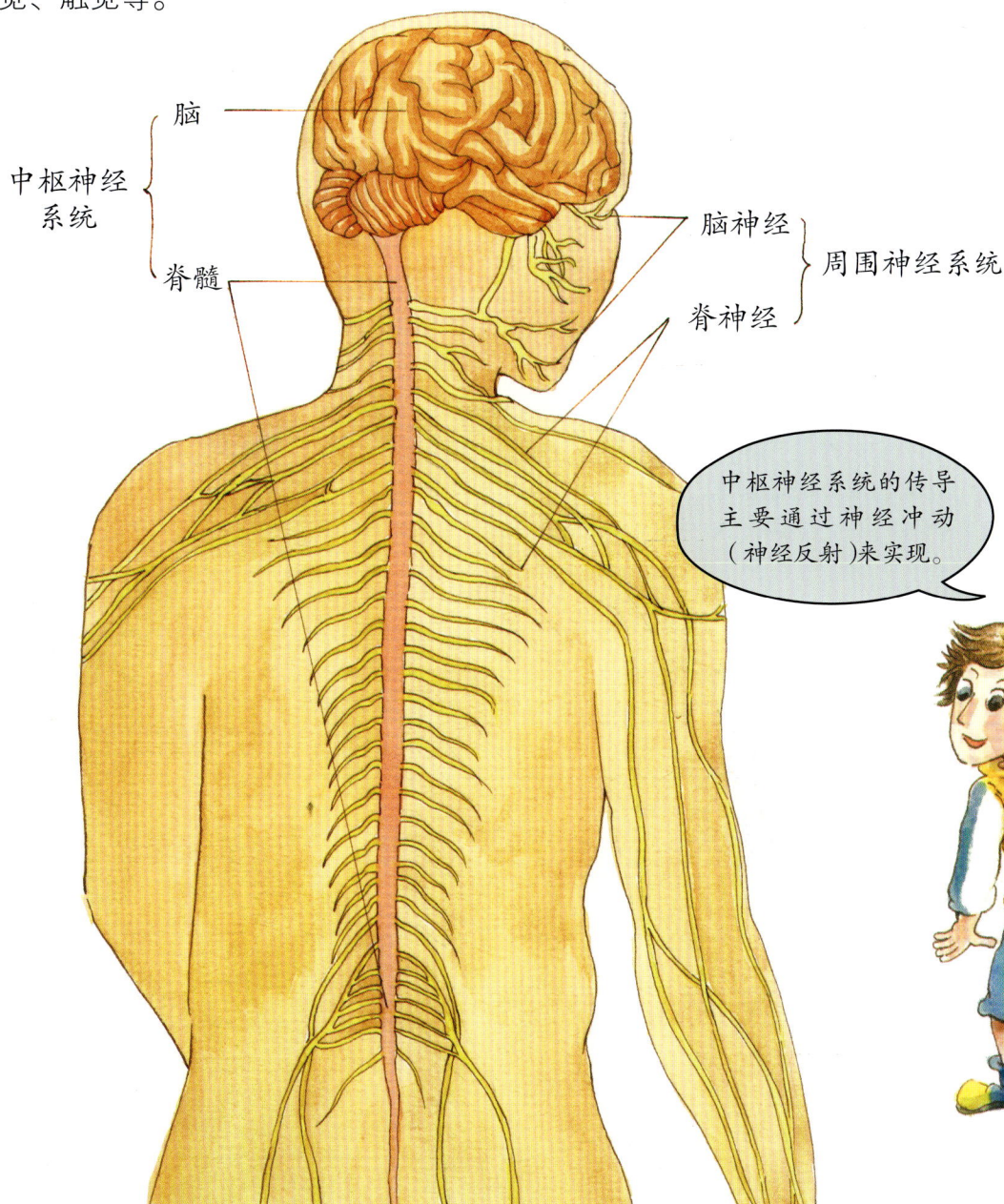

脑

中枢神经系统

脊髓

脑神经

脊神经

周围神经系统

中枢神经系统的传导主要通过神经冲动（神经反射）来实现。

第 *12* 节　望梅止渴是条件反射吗

▶ 什么是神经反射

　　人类的神经反射是指人通过中枢神经系统对刺激的一种应答式反应。机体通过反射来控制和调节体内各种生理过程，使它们相互协调，也使机体对环境的各种变化发生适应性反应，保证了机体与外环境的统一。

▶ 反射弧是怎么组成的

　　执行反射的全部神经结构称为反射弧，一个完整的反射弧由感受器、传入神经、神经中枢、传出神经、效应器5个基本部分组成。

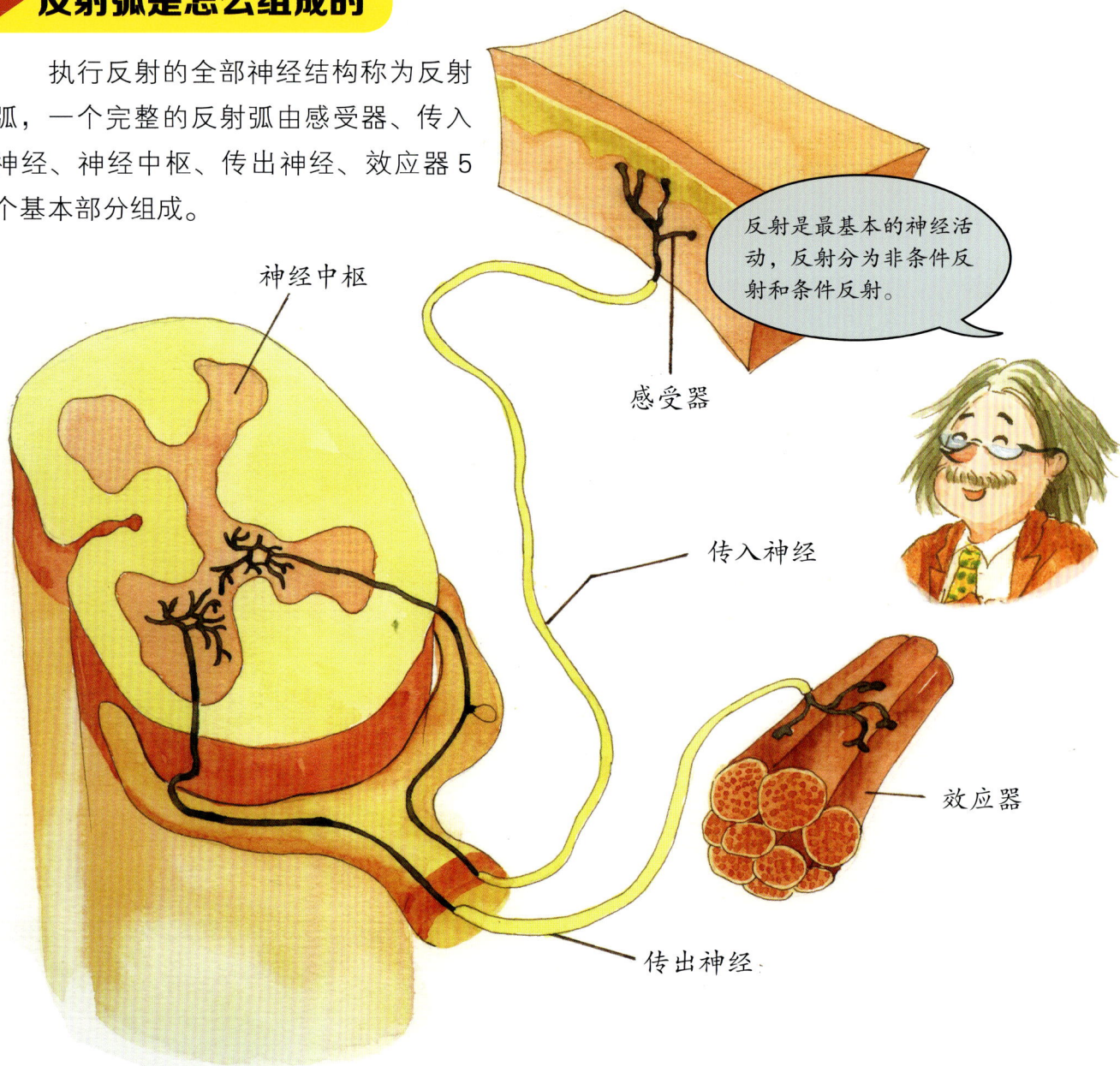

神经中枢

感受器

反射是最基本的神经活动，反射分为非条件反射和条件反射。

传入神经

效应器

传出神经

▶ 非条件反射是什么

　　非条件反射是指人生来就有的先天性反射，是一种比较低级的神经活动，由大脑皮质以下的神经中枢（如脑干、脊髓）参与即可完成。膝跳反射、眨眼反射、缩手反射、婴儿的吮乳、排尿反射等都是非条件反射。

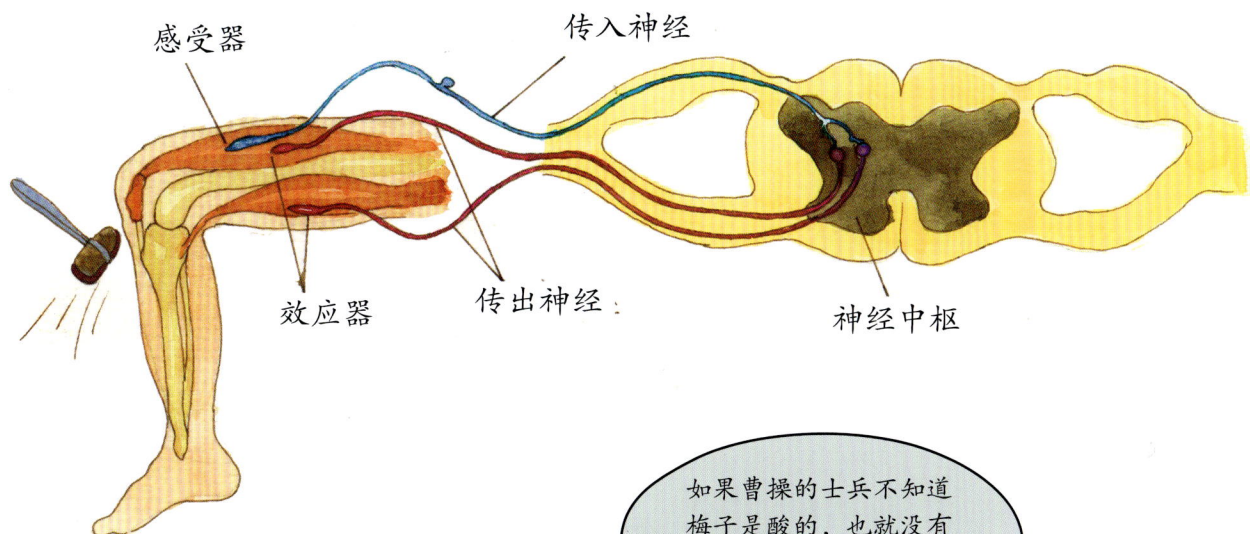

感受器
传入神经
效应器
传出神经
神经中枢

如果曹操的士兵不知道梅子是酸的，也就没有"望梅止渴"这个历史典故了。

▶ 条件反射是什么

　　条件反射是后天获得的、经学习才会的反射，是通过后天学习、积累经验产生的反射活动。下意识动作是条件反射的延伸。

扫码领取
- 科学实验室
- 科学小知识
- 科学展示圈
- 每日阅读打卡

加拿大神经外科医生潘菲尔德用微电极刺激大脑皮质各部位，从引起的脑电反应来确定大脑皮质的功能区。他发现相应的身体部位会出现对应的反应，于是绘制出一幅大脑皮质的感觉区和运动区定位图。

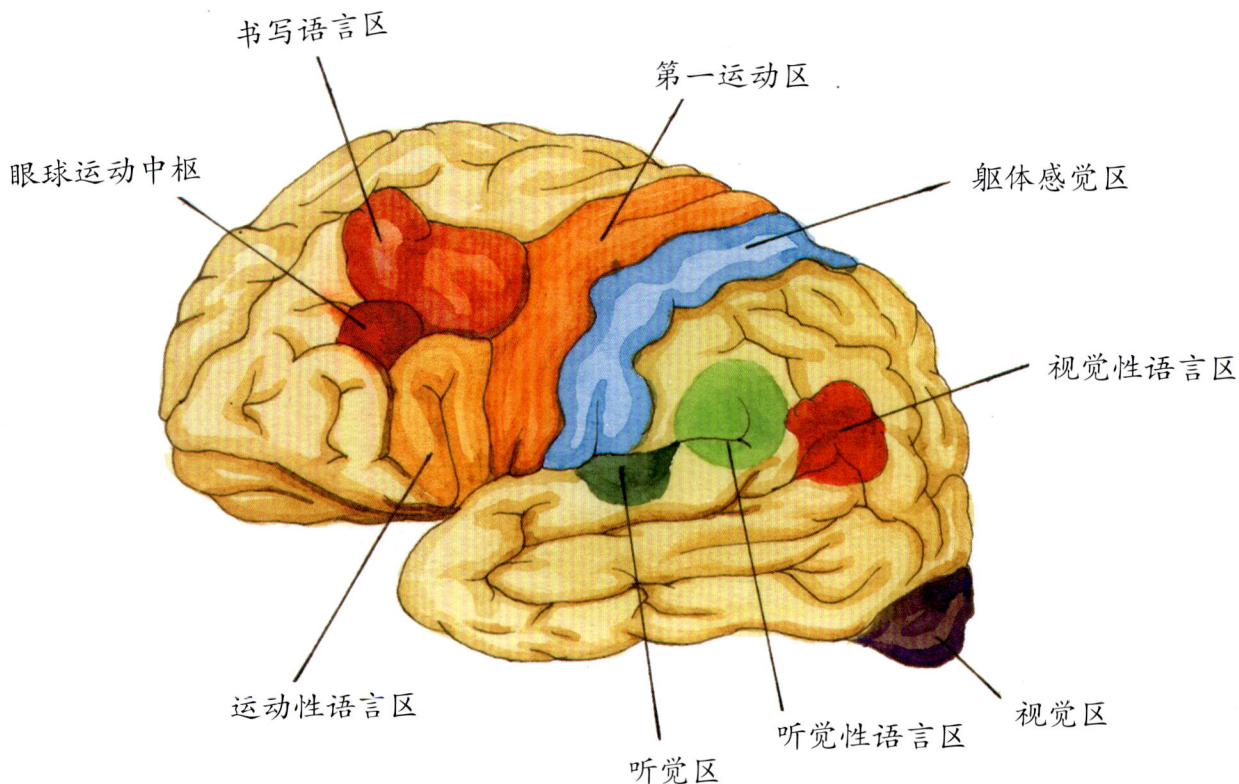

书写语言区
第一运动区
眼球运动中枢
躯体感觉区
视觉性语言区
运动性语言区
听觉区
听觉性语言区
视觉区

这个面部肥厚、手部强壮、躯干瘦小且丑陋的小矮人其实是根据潘菲尔德的试验重建的，它的双手和脸部特别大，说明这两个部位对于我们的生活是非常重要的。

我们的动作都受大脑皮质的控制。

▶ 大脑皮质与身体的对应

人的运动和感觉功能在大脑皮质上的投射是倒置的，而且一些运动、感觉精细而灵巧的器官（如手、唇、舌等），比那些运动和感觉较简单而迟钝的部分（如躯干），在大脑皮质上投射的面积要大。

频繁地使用手指，指尖丰富的神经细胞便会与大脑连动，激活大脑的神经细胞。如果能在做事情的同时活动手指和嘴，就可以促进思考与记忆。

原来心灵手巧是这么回事！

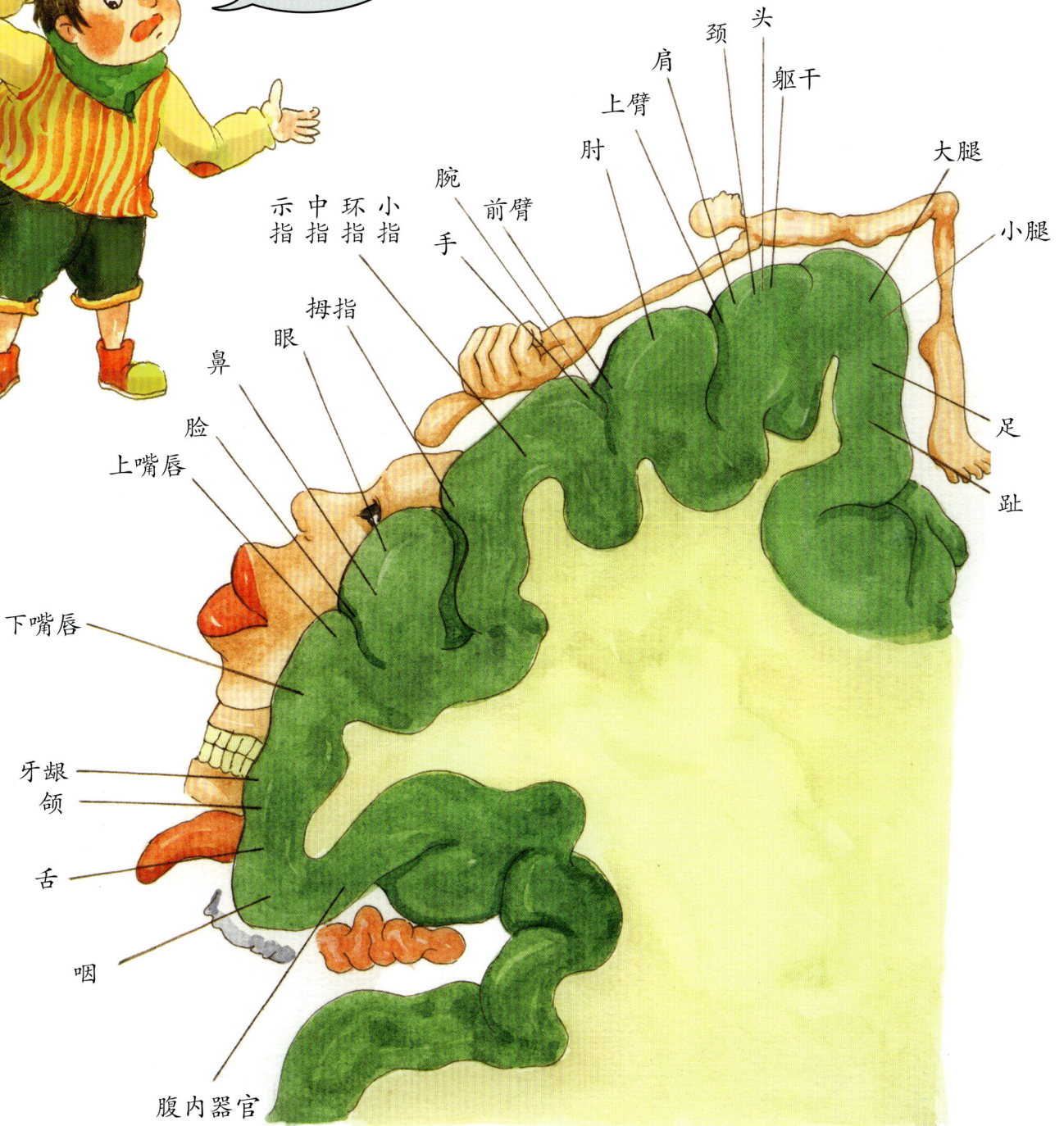

头
颈
肩
躯干
上臂
肘
大腿
腕
前臂
小腿
示指
中指
环指
小指
手
拇指
足
眼
趾
鼻
脸
上嘴唇
下嘴唇
牙龈
颌
舌
咽
腹内器官

第 13 节　夜以继日的永动机——大脑

大脑就像一个永动机，不分昼夜地工作着。即使到了晚上睡眠的时间，大脑仍然在工作。睡眠可以使大脑的化学物质恢复平衡，而当我们处于清醒的状态时则不能进行这项工作。

我们每天 1/3 左右的时间都是在睡觉中度过的。

▶ 睡了也是"醒"着

进入梦乡时，大脑会处理白天经历的所有事情，比白天更活跃。一些科学家认为，大脑以做梦的形式处理复杂的情感和日常生活中经历的事情；有些则认为这是大脑将信息归零的一种方式，就像电脑一样。

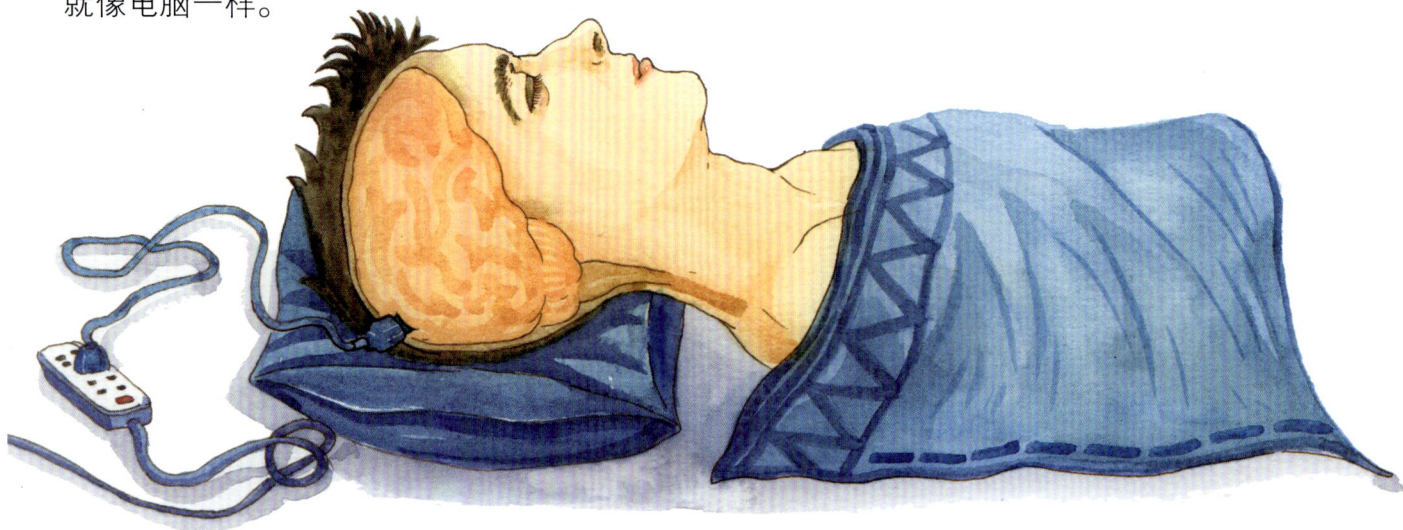

· 54 ·

▶ 大脑的"洗澡"时间

大脑完成一次"洗浴"大概需要 8 小时之久。没错，大脑就是在你歇着的时候"洗澡"的。人在睡觉时，脑细胞之间的间隙增大，脑脊液在脑细胞间的循环比醒着时快得多，帮助大脑排出清醒时产生的垃圾。

▶ 难以判断的梦境与现实

几乎所有人都会做梦，而且平均每年会做超过 1 800 个梦，不过大部分人都不会记得做了什么梦。当我们做梦的时候，往往觉得梦境持续了很长的时间，并且很真实。那是因为在睡觉的时候，前额叶处于关闭的状态，所以我们很难判断真假。

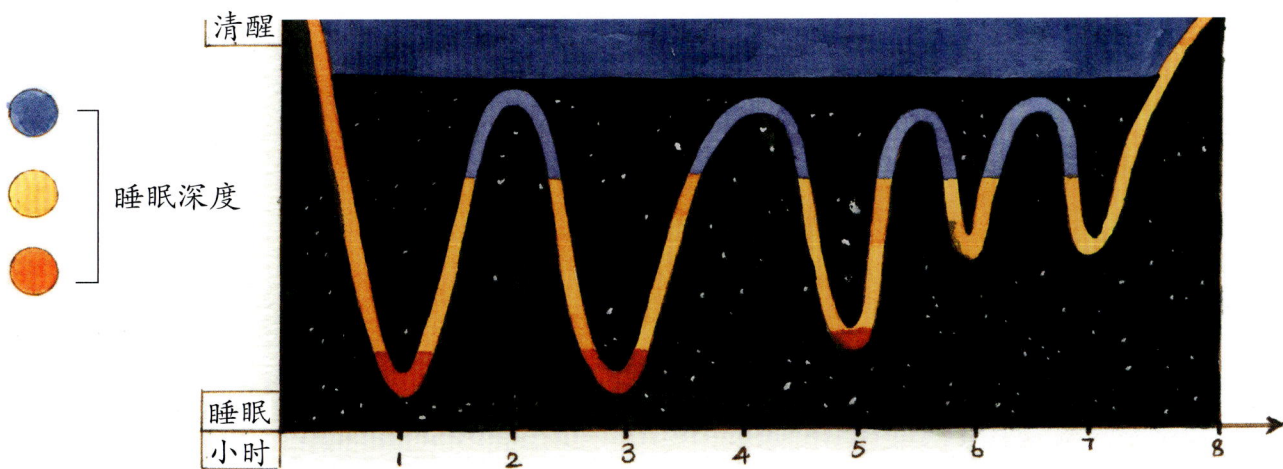

清醒

睡眠深度

睡眠
小时

1　2　3　4　5　6　7　8

浅度睡眠和深度睡眠每 90 分钟就进行一次交替。

元宇宙图书时代已到来
快来加入XR科学世界！
见此图标 微信扫码

▶ 控制梦境并非不可能

睡眠一般被分为浅度睡眠和深度睡眠，前者会产生可记忆的梦境。在浅度睡眠阶段，有些人可以控制自己的梦境，甚至梦境的结局。另一个有趣的事实是，人们在梦境所"看到"的事物，在今后的生活中会多次遇到。

大脑以我们无法想象的复杂方式活跃着、运行着。你可能有所不知，你的大脑有时会不知不觉地影响，甚至掌控你的情绪。前额皮质、杏仁体、海马体、下丘脑……这些大脑边缘系统的区域都是情绪的调节加工厂。

> 情绪本身不易自我控制，情绪变化时，会伴随心跳、呼吸及皮肤电流反应的相应变化。

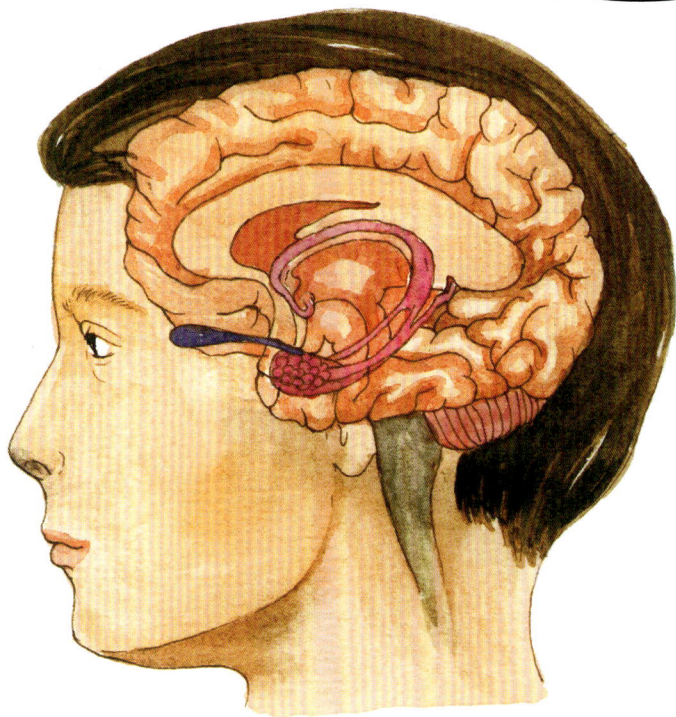

▶ 情绪住在大脑的什么地方

大脑的许多区域在某种情绪下都会被激活，因此情绪在脑中的"居住地"尚无定论。唯一相对明确的，只有"厌恶"这种情绪与脑岛区域有着密切关系，这个区域同时也是初级的味觉区域。因此，厌恶本质上是对味觉的不舒适做出的反应。

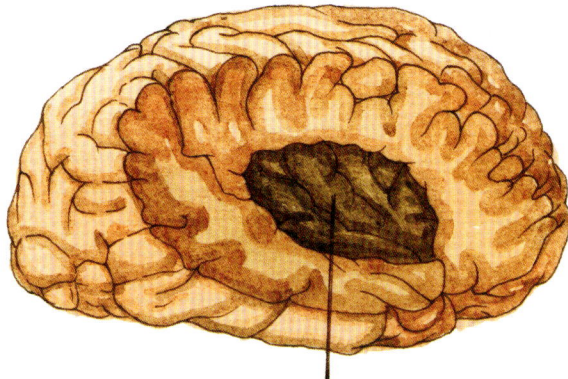

脑岛

▶ 情绪产生的过程

大脑对外部刺激进行评估，再由自主神经做出相应的行为反应（如逃避危险的环境、远离令人不舒适的事物等），然后大脑中负责情绪体验的区域获得相应的情绪（如快乐、恐惧、悲伤、愤怒或厌恶等）。

▶ 是什么让你产生各种各样的情绪

大脑分泌的多巴胺会让你产生愉悦情绪；5-羟色胺能缓解抑郁情绪，如果5-羟色胺水平失衡，往往会导致愤怒、焦虑、抑郁和恐慌等情绪的增加；去甲肾上腺素则是能缓和压力和焦虑情绪。

三级水平包括羞耻、内疚、轻蔑、羡慕、妒忌、同情等，二级水平包括惊吓反射、气味厌恶、疼痛、对美味的愉悦感等，一级水平包括愤怒、悲伤、恐惧、惊讶、快乐、厌恶。

三级水平：高级情感（包括……）

二级水平：一级情感（包括……）

一级水平：反射性情绪反应（包括……）

大脑右半球负责识别情绪，大脑左半球负责解释情绪。

大脑左右半球协同工作，共同掌控你的情绪。当右半球识别到负面情绪，如恐惧、愤怒时，它就会提醒左脑；而左半球则对情况进行分析，然后做出合理的决定和相应的行为反应。

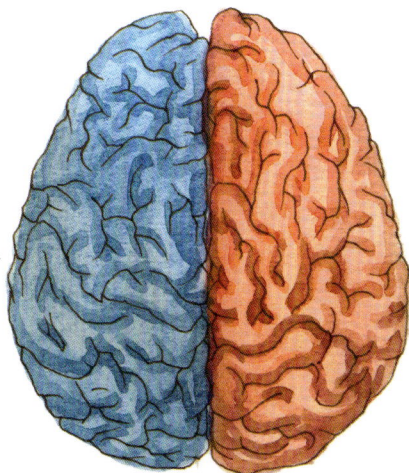

解释情绪

识别情绪

第 15 节　摸不到看不见的意识在哪里

▶ 意识从哪里传到哪里

到目前为止，人们还没有在脑细胞中找到思维和记忆组织。当感官接受刺激时，这些刺激转化为电或化学信号，通过神经纤维传导到大脑，在大脑中沿着相连的神经网络通道进行传导。这种传导过程即意识传导的过程。

> 睡觉时意识变得很轻。

▶ 什么时候会产生意识

人类的思想意识主要有清醒状态和休眠状态下的两种联想意识结构。大脑的思维逻辑联想是在肢体和感觉器官处于静止或无感觉刺激的状态下进行的，这也是人们常说的"静思""沉思""思考"。

▶ 我们平时的行为是有意识的吗

认知神经科学家认为，人们仅在 5% 左右的认知活动中是有意识的。因此我们大多数的决定、行动、情绪和行为都取决于超出意识之外的那 95% 的大脑活动。

> 呼吸、心跳、眨眼等都是无意识行为。

▶ 什么是潜意识

潜意识的力量比意识大 3 万倍以上，它是指潜藏在我们一般意识底下的一股神秘力量，是相对于"意识"的一种思想。一般人学习的时候，都是运用意识的力量。

意识

潜意识

扫码领取
⊙ 科学实验室
⊙ 科学小知识
⊙ 科学展示圈
⊙ 每日阅读打卡

▶ 潜意识与梦有什么联系

精神分析心理学者将人的心理活动大致分为意识和潜意识两部分。潜意识中包括压抑的本能欲望、情感和平时不被觉察的各种意念，梦境更多的是反映潜意识的活动状况。

▶ 难以忘却的记忆

人的记忆遍布大脑各个角落，即使是你认为"已经忘掉"的事，记忆碎片还在你的脑海中。比如记不起某个人的名字，但你会熟悉他的面孔。如果它们只存在于单一的区域，脑卒中和脑损伤就能将记忆连根拔除。

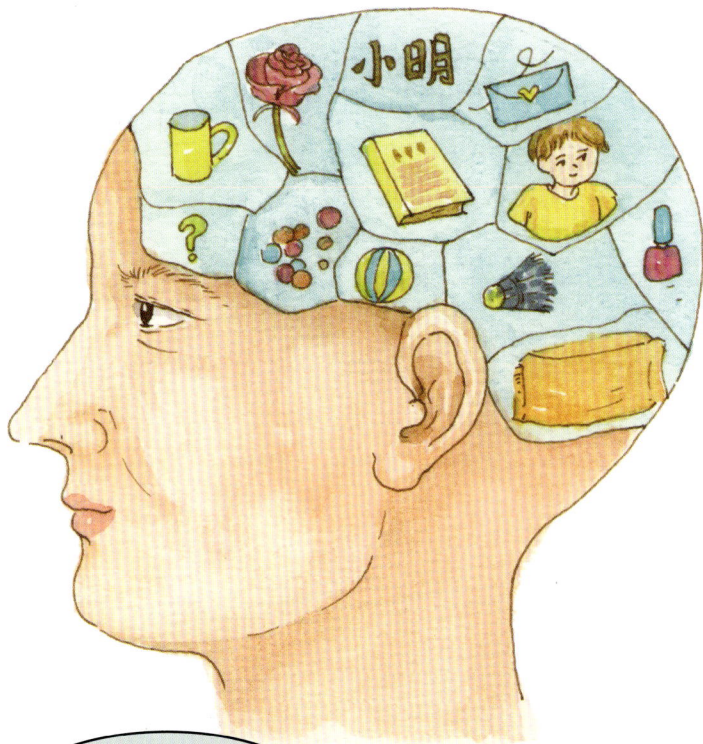

小明

自闭症的形成也与镜像神经元有关。

▶ 如影相随的恐怖感

科学家近年来发现，脑中存在一种镜像神经元。当你看到别人做什么事时，你在大脑中也会模仿。当恐怖电影中的人惊骇、恐惧时，他的情感会像照镜子一样出现在你的大脑中，所以你也会感觉害怕。

▶ 似曾相识的感觉

我们会对某件事产生似曾相识的感觉，这是由于正在经历的事激活了大脑记忆库中一段相似的经历，并错误地给它贴上了"曾经发生过"的标签。这是大脑中知觉系统和记忆系统相互作用的结果，又叫"幻觉记忆"。

幻觉记忆的发生率在青年时期最高。

▶ 不能自制的情绪

有些人似乎永远控制不了自己的拳头，极易生气、冲动，这很可能是因为他们的大脑中负责向肌肉传递命令的区域出现变异。该区域错误地抑制了大脑发出的很多信号，却让"挥拳"的命令"偷偷溜过去"。

STOP
SUNS

▶ 大脑的奖赏效应是什么

在心理学中，当人做出某一决策后，如果被证实正确并产生了好的结果，大脑会向负责决策的区域发送"奖赏"信号，这会促进人的认知能力进一步提升，形成良性循环，这种现象被称作"奖赏效应"。

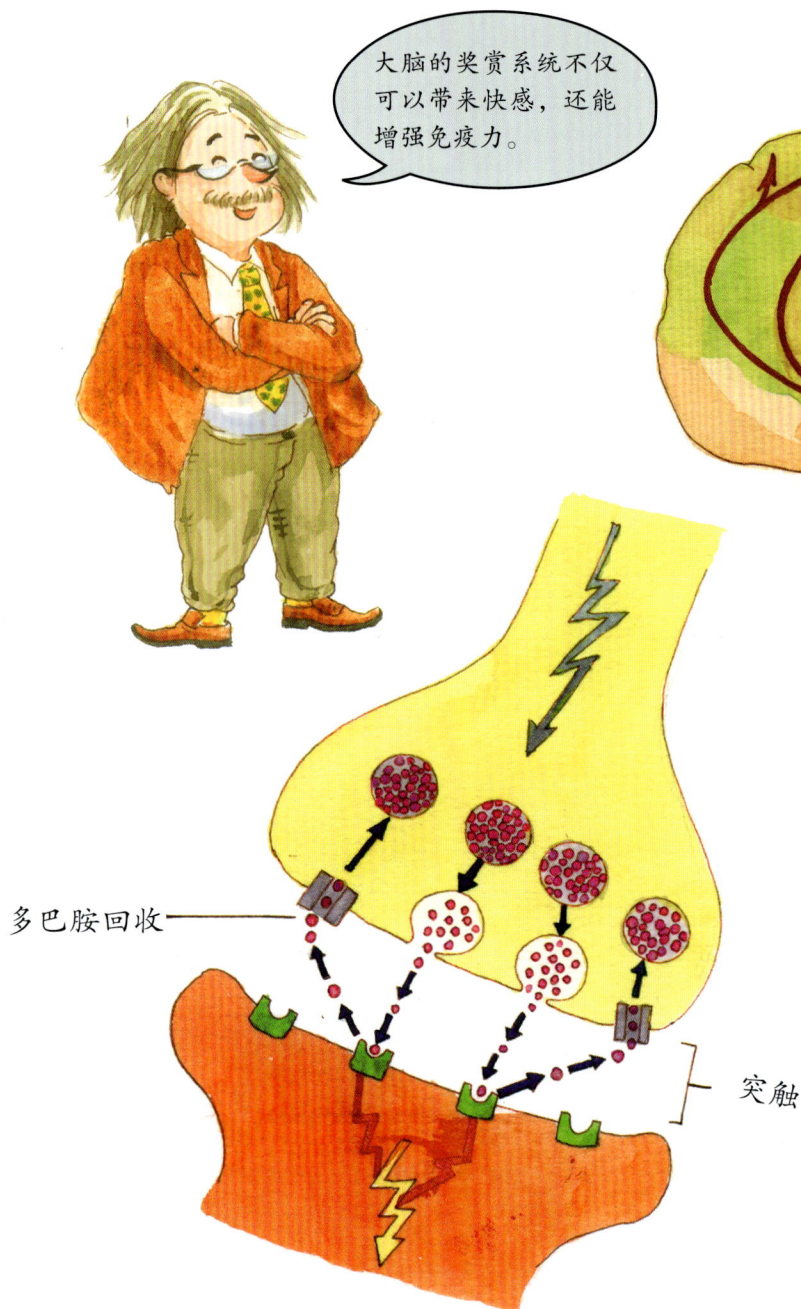

大脑的奖赏系统不仅可以带来快感，还能增强免疫力。

多巴胺回收

突触

▶ 快感从何而来

当你做了一件很有意义的事，或者听了一支美妙的曲子，心情就会非常愉悦。其实，这种快感来自一种大脑分泌的化学物质——多巴胺。多巴胺是一种神经递质，主要负责大脑的情欲、感觉，将兴奋及开心的信息在神经元之间传递。

▶ 产生快感的神经递质

多巴胺：产生幸福感，产生困倦感，抑制食欲。

血清素：产生幸福感，产生困倦感，抑制食欲。

内啡肽：缓解疼痛，松弛身心。

后叶催产素：产生爱的感觉。

去甲肾上腺素：提高人体机敏性，使人兴奋，也可使人烦躁。

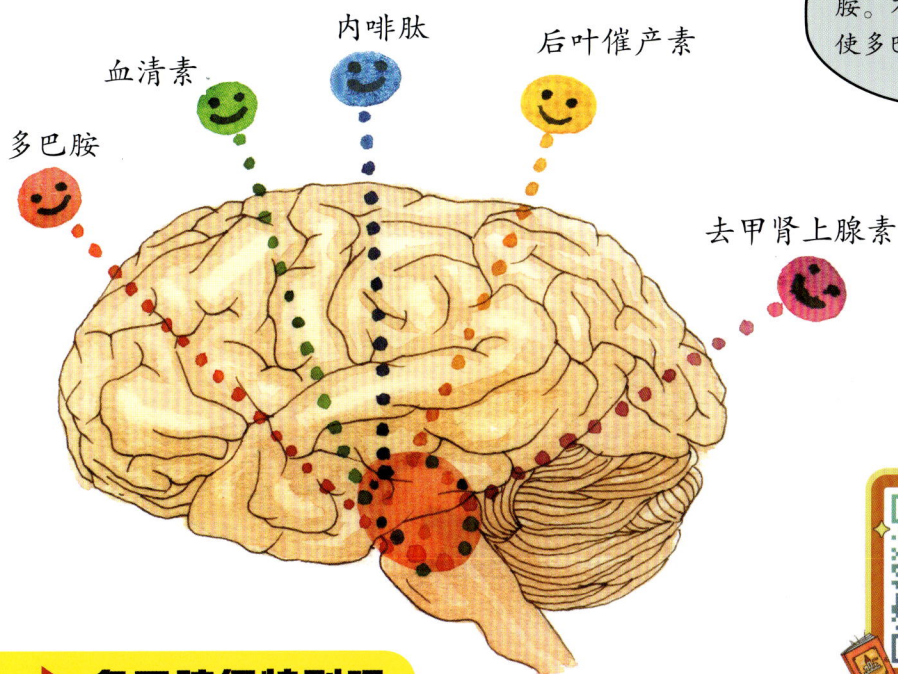

> 我感到懒散乏力、头昏眼花。

> 那是大脑缺乏多巴胺。有氧运动会促使多巴胺的分泌。

血清素　内啡肽　后叶催产素

多巴胺

去甲肾上腺素

▶ 多巴胺很特别吗

如果没有多巴胺，人类将不会具有现在的特质，如爱情、亲情、责任心、毅力等。多巴胺能让大脑产生情欲及感觉，会让我们感觉到兴奋或者开心，但过多的多巴胺会让我们的奖赏系统强化，并导致成瘾，如毒瘾、赌瘾、网瘾等。

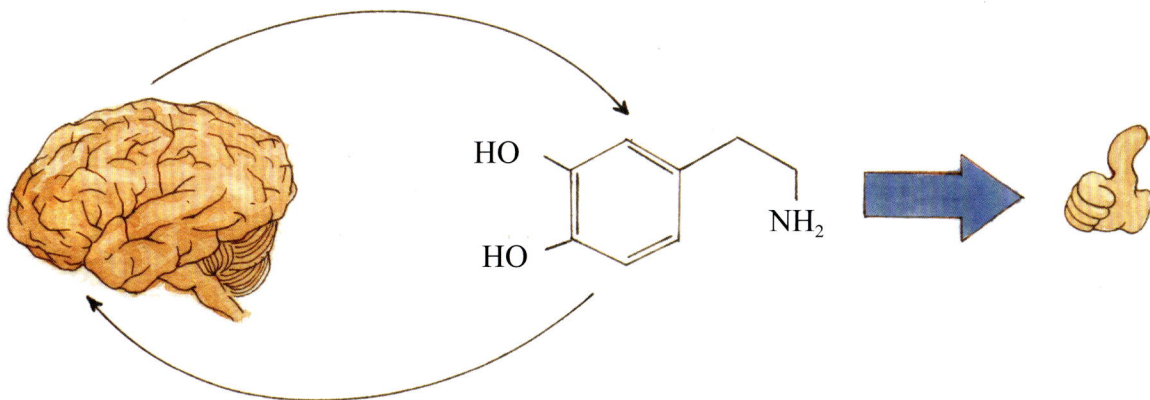

$$HO \quad HO \quad NH_2$$

每个人都有过疼痛的经历，虽然没有人喜欢疼痛，但即刻的疼痛是一种警报，对人体是有帮助的。它能提醒人们可能出现了损害，需采取保护性动作，避免受到更大的伤害。

▶ 身体如何告诉大脑疼痛的感受

我们的皮肤、肌肉和内部器官都遍布着可以感受痛觉的传感器。当身体的某个部分受到伤害时，该部位的痛觉传感器就会将电信号传递到脊髓及丘脑。丘脑再将信号传递给大脑皮质，以判断疼痛的部位和程度。

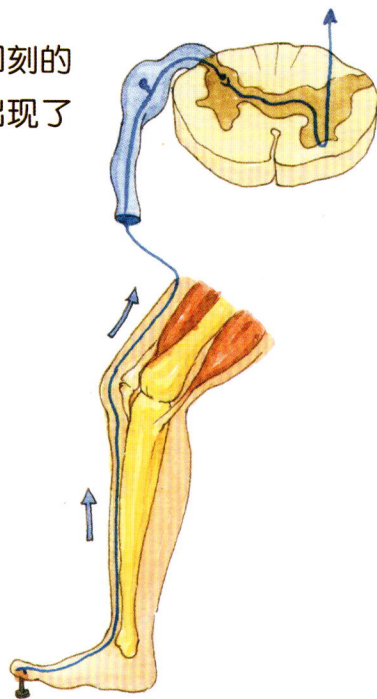

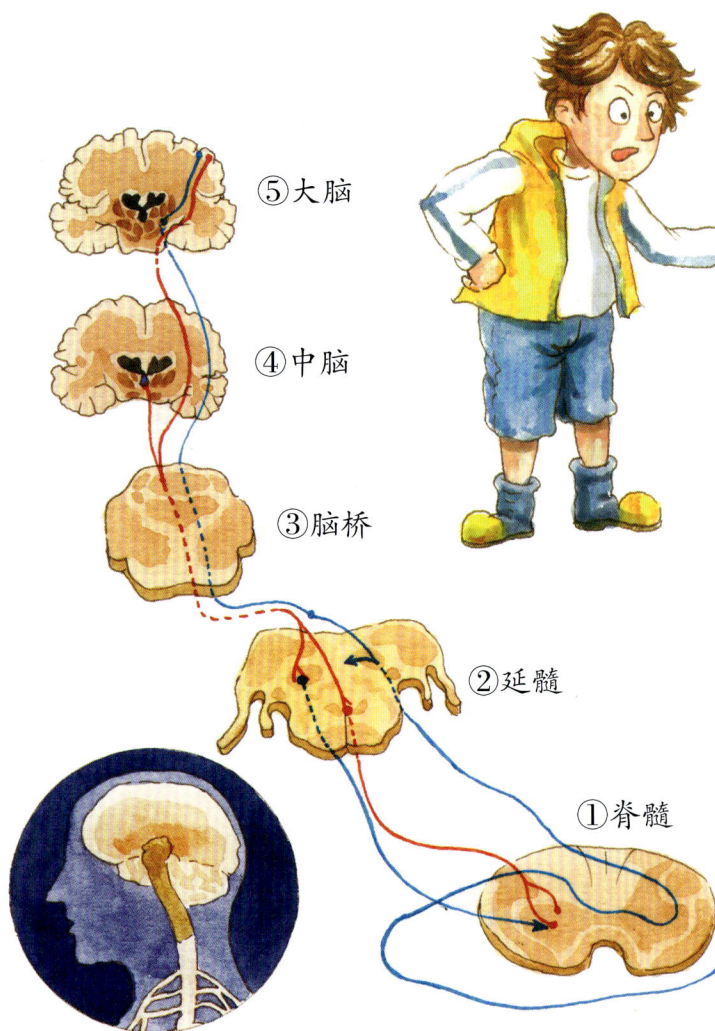

⑤大脑

④中脑

③脑桥

②延髓

①脊髓

疼痛是一种有效的预警机制。

元宇宙图书时代已到来
快来加入XR科学世界！
见此图标 微信扫码

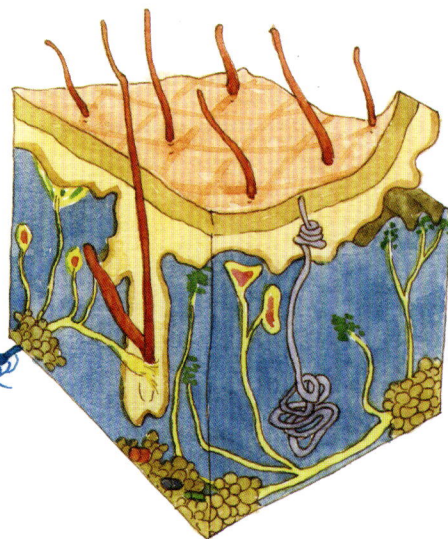

·64·

大笑是纯天然
"疼痛杀手"，
作用胜过吗啡。

▶ 被过滤掉的微弱信号

不是所有的疼痛信号都会直接传递到大脑，一些微弱的信号会被脊髓中的"阀门"神经元过滤掉。搓揉受伤部位，会使附近区域产生上百个神经信号，这些信号将会转移大脑的注意力，有助于降低疼痛感。

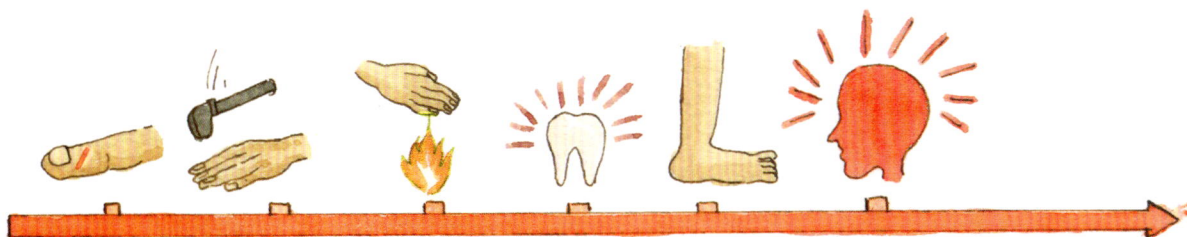

▶ 什么是大脑的"应激止痛"

大脑有一个"抗痛系统"。当人们感受到疼痛时，脑下垂体和丘脑下部就会分泌出一种叫内啡肽（类似吗啡的物质，使人神经麻痹）的化学物质来降低疼痛强度。不过，这种麻痹效果不会持续太久。

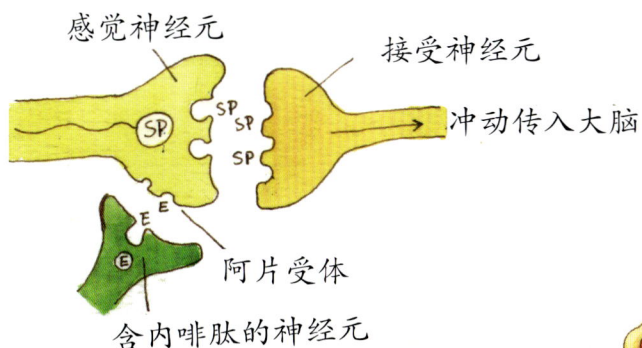

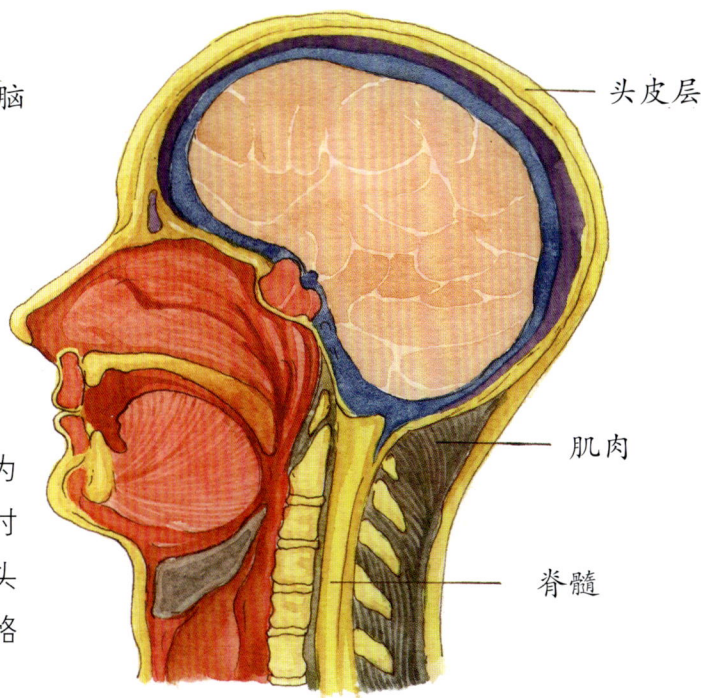

感觉神经元
接受神经元
冲动传入大脑
SP
SP SP
SP
E E
E
阿片受体
含内啡肽的神经元

▶ 大脑会有痛觉吗

大脑内没有疼痛感受器，这也就是为什么外科医生能够在患者仍保持清醒的时候进行脑外科手术。通常我们所说的"头痛"，主要是指头部的皮肤、肌肉、骨骼等拥有痛觉受体的组织带来的痛感。

头皮层

肌肉

脊髓

· 65 ·

▶ 大脑如何感知身体

我们之所以能感知到自己的身体，是因为利用了"本体感觉"——来自皮肤、肌肉、关节等器官的信号传输至大脑，再经由大脑地不断整合，从而产生自我感知。

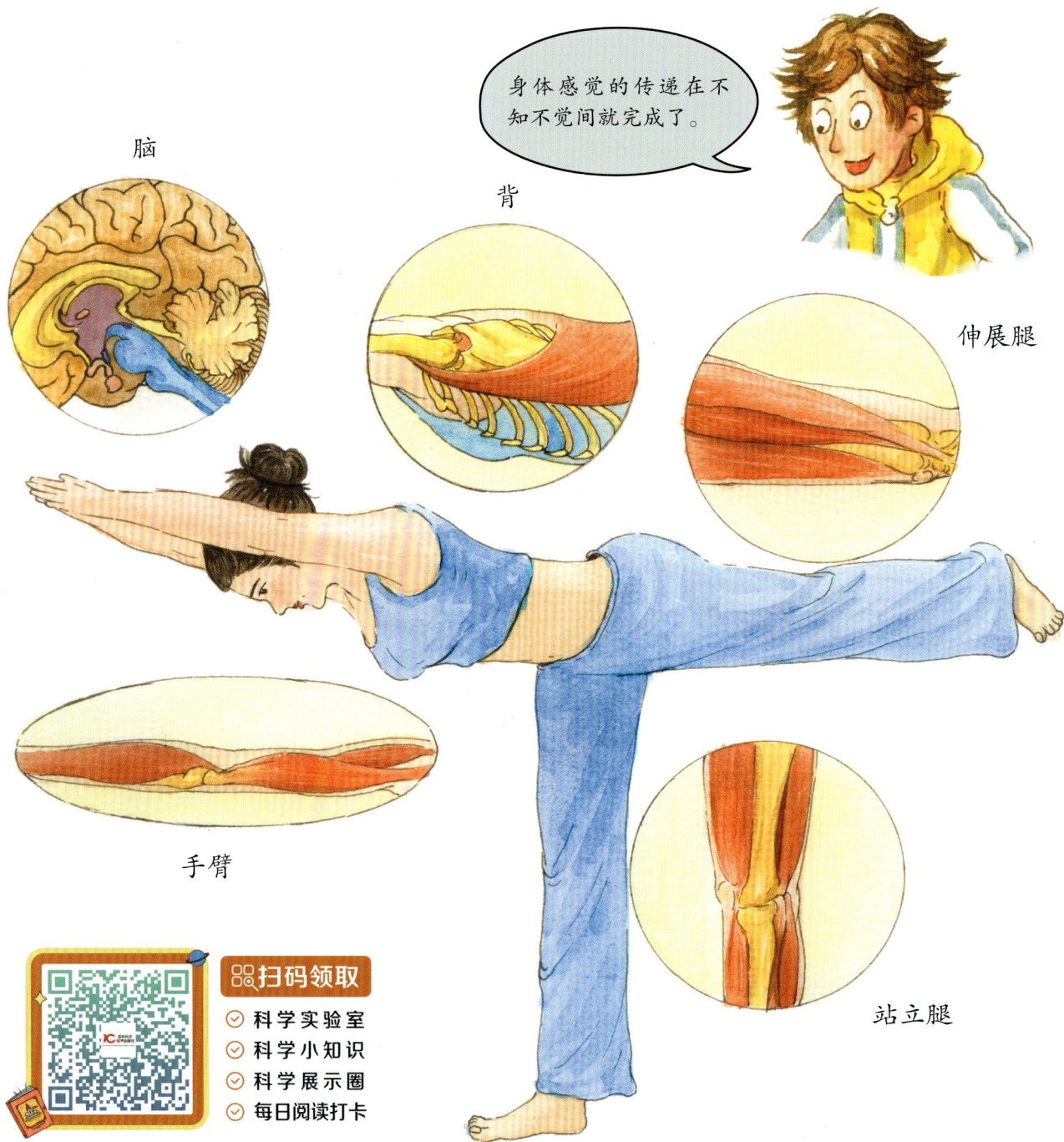

身体感觉的传递在不知不觉间就完成了。

脑

背

伸展腿

手臂

站立腿

知觉是来自物理世界的刺激，是我们了解真实世界的最基本方式。不过，尽管你的知觉似乎很准确，但它们常常有不足和局限。你很容易被错觉误导，无法准确地感受到真实，只能体会到某些看起来或者摸起来是真实的东西。

大脑也有盲区。

▶ 时间错觉是什么

人的潜意识处理现实世界的信息需要 0.5 秒的延迟时间，所谓的"现在"其实是一个刚刚过去的时间点。不过，人的大脑善于"欺骗"自己，让身体以为提前感受到了外来的刺激，并做出正确的反应。比如你躲开向你飞来的球，这是因为大脑预测使然。

▶ 一起感受神奇的大脑欺骗术

一种特殊的内部身体感觉协调着你对外界的触觉与视觉，让你的大脑知道身体每个部分的位置及它们如何活动。不过，下面这些小把戏会让你的感觉失效。

A. 下面的两组图案中，中心的圆哪个大，哪个小？

答案：一样大。

B. 下面两组图案中，哪条直线长，哪条直线短？

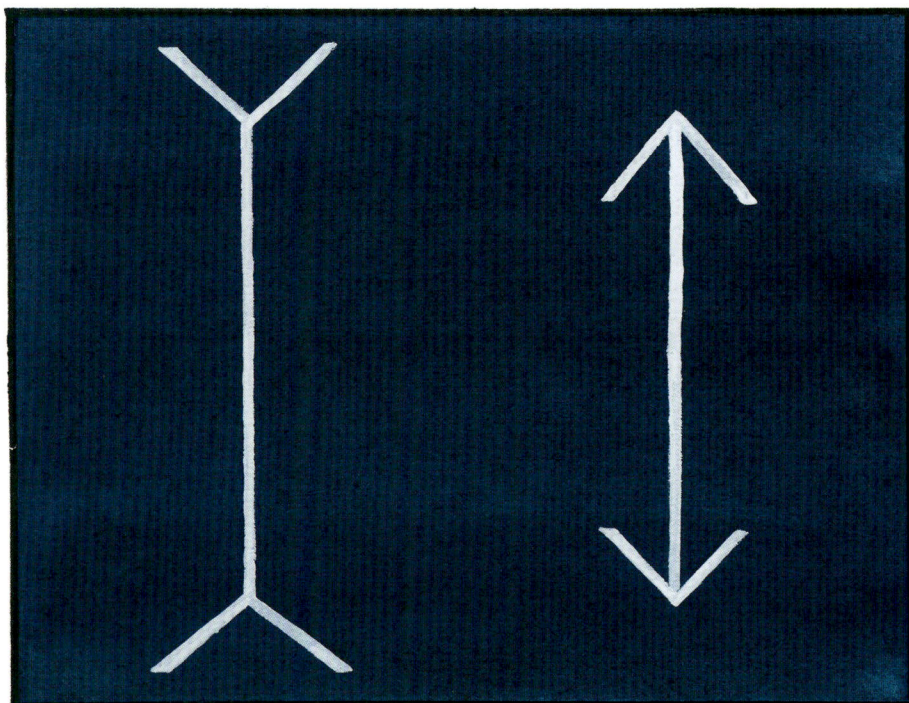

答案：一样长。

下面这幅图是静止的，不过当你仔细看的时候它就会动起来。这些由蓝色椭圆形组成的图案看起来更像传动轮，白色高光的趋向正好暗示了三个轮子传动时的转动关系。

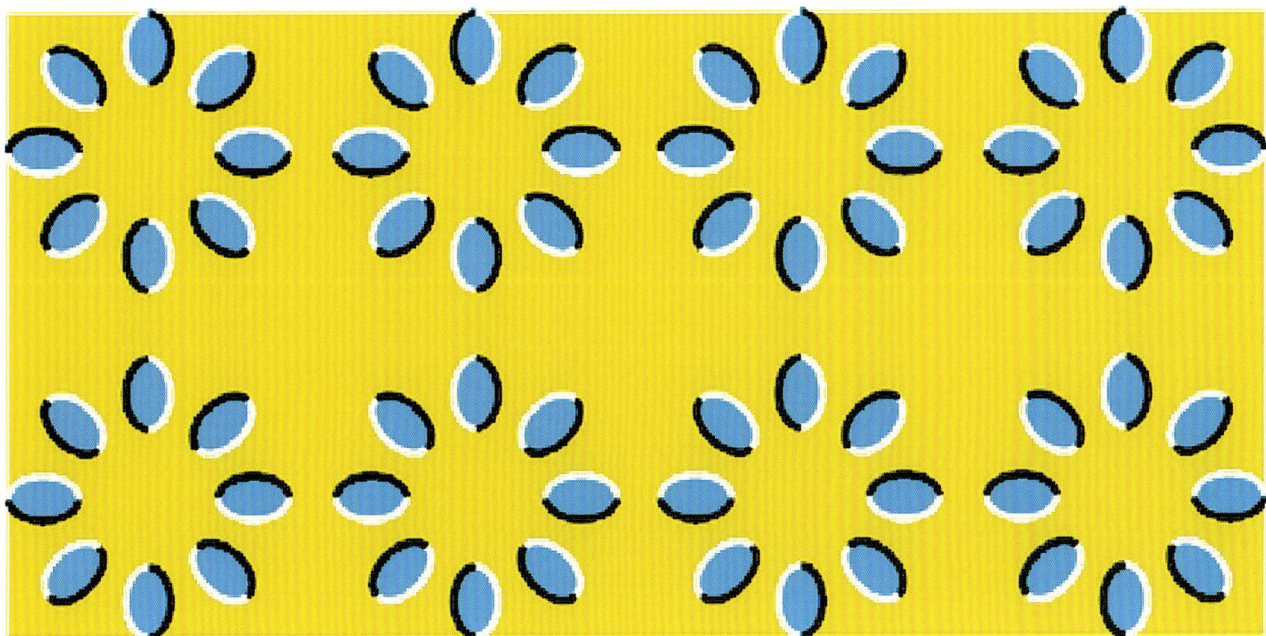

方格 A 和方格 B 颜色一样吗？据说全世界只有 0.003% 的人和 Photoshop 软件能看出它们都是灰色的。

大脑总是在帮我们辨认周围的颜色，它会自动地调整我们所看到的物体颜色。方格 B 被放置在绿色圆柱体附近，所以即使它与方格 A 同色，大脑还是会自动认为它的颜色比 A 浅。人对外界的判断和世界真实的状况，其实经常是不一致的。这种主观判断和客观事实之间的差异，就是一种认知偏差。

我可以相信我的眼睛和大脑吗？

第 20 节 给大脑加加油

▶ 添加足够的燃料

大脑是一台珍贵而复杂的机器，你必须给它补充"优质燃料"。垃圾食品、劣质食品、所有化学制品和防腐剂，不仅损害身体，还削弱智力。英国一项最新研究显示，饮食结构影响你的智商。

当血液中含大约 25 克葡萄糖——相当于一根香蕉中的葡萄糖含量时，大脑功能最佳。

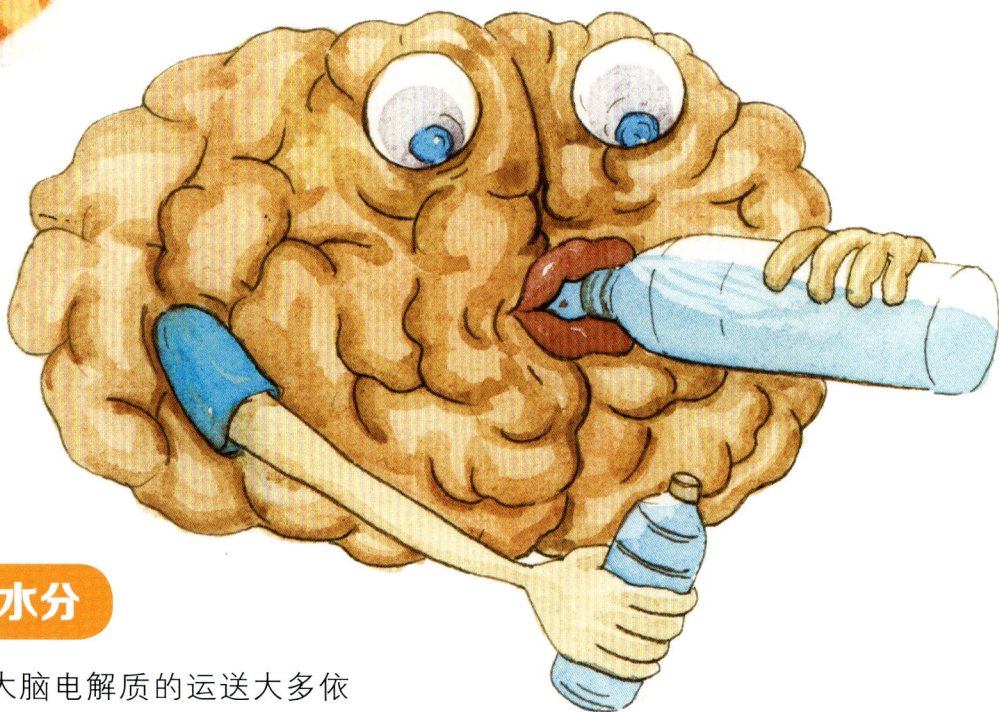

▶ 没错，补充点水分

大脑害怕缺水，大脑电解质的运送大多依靠水分，所以身体缺水的时候，人会头痛、头晕、无法集中注意力。每人每天至少要喝 8 杯水，建议在做决定前或做用脑比较多的工作时，多喝一点儿水。

如果身体很懒散，大脑会认为你正在做的事情一点儿都不重要，也就不会重视你所做的事情。所以，在学习的时候，你应该端坐、身体稍微前倾，让大脑保持警觉。

扫码领取
- 科学实验室
- 科学小知识
- 科学展示圈
- 每日阅读打卡

▶ 用你的眼睛

大脑的理解速度比你的阅读速度快。用铅笔或手指辅助阅读吗？不，用眼睛。使用这种方法的时候，需要你的眼睛更快地移动。

▶ 不妨多提问

　　大脑喜欢问题。当你在学习或读书过程中提出问题，大脑会自动搜索答案，从而提高你的学习效率。从这个角度说，一个好的问题胜过一个答案。

▶ 尽情地开玩笑

　　大脑喜欢开玩笑。开心和学习效率成正比，心情越好，学到的知识就越多，所以，让自己快乐起来吧！

时常开开玩笑能够使我们的大脑摆脱压力，得到放松。

▶ 掌握它的节律周期

　　大脑和身体一样有它们各自的节律周期。一天中大脑思维最敏捷的时间有几段，如果你能在大脑功能最活跃的时候学习，就能节省很多时间，会取得很好的学习效果。

▶ 丰富的色彩刺激

　　大脑喜欢色彩。平时使用高质量的有色笔或使用有色纸，能帮助记忆。

据说有氧运动可以降低患认知障碍症的风险。

▶ "没事找事"

大脑如同肌肉，无论在哪个年龄段，大脑都是可以训练和加强的。整天待在家里无所事事只能使大脑老化的速度加快。专业运动员每天都要训练才能有突出表现，所以你一定要"没事找事"，不要让大脑老闲着。

▶ 自言自语

自言自语其实是人在对自己的大脑说话，它是巩固记忆、修整认识的一个很好的方法。但最好多说积极的话，如不要说"我怎么总是迟到"，而是说"明天我一定不会迟到"，鼓励大脑增强对这一想法的认知。

> 大脑是人体中最精致，也是最娇嫩的组织，一旦过度疲劳就很难恢复。

大脑集中精力最多只能坚持 25 分钟，这是对成人而言，所以学习 20 ～ 30 分钟后就应该休息 10 分钟。你可以利用这段时间做点家务，10 分钟后再回来继续学习，效果会更好。

▶ 整洁的空间

据研究显示，在整洁、有条理的家庭长大的孩子，学业上的表现会更好。因为接受了安排外部环境的训练后，大脑学会了组织内部知识的技巧，你的记忆力会更好。

◎大脑皮质为什么有许多褶皱

大脑皮质表面布满褶皱，看起来像一个核桃。这些褶皱凸起的部分被称作"脑回"，凹陷的部分被称作"脑沟"。它们大大增加了大脑皮质的表面积，从而使得脑内神经细胞的数量大增。我们拥有的神经细胞越多，处理信息的能力就越强大。

★脑前额叶从什么时候开始发育

人的大脑从出生之后就开始急速发育，但是脑前额叶到了 2 ~ 3 岁时才正式开始发育，一直持续到 6 岁达到高峰，6 岁后发育就会趋缓。

●脑前额叶受损会造成什么后果

脑前额叶受损伤的人没有能力发起和实现有目的、有计划的行为活动，没有什么创造性可言。他们不能集中注意力进行观察和思考问题，更不能进行周密的逻辑推理，对突发事件束手无策，健忘，反应迟缓，性格偏执、孤僻，情绪波动大、喜怒无常。

☆为什么说脑干是生命中枢

呼吸和心跳中枢位于脑干内。脑干独立于大小脑工作，不受意识作用，所以人在晕倒或失去意识时呼吸也不会停止，这是生物进化过程中保留的对自身有利的系统。当脑干受到损伤时，人体就不会自动地呼吸，严重时还会影响生命。

◇脑汁真的会绞尽吗

"绞尽脑汁"说的是大脑的神经细胞。虽然大脑的神经细胞无法不断分裂更新，且每天死亡1 000多个，但大脑有1 000多亿个神经细胞，活到100岁也只不过损失4 000万～6 000万个脑神经细胞，根本不用担心脑汁会被"绞尽"。

△大脑是如何模拟未来的

有一种看法认为，大脑不仅仅要处理来自外界的各种信息，还要在脑中构建一个关于外界的模型，并且提炼出事物以往的行为表现。不过，一个系统到底是如何通过学习来预测未来呢？也许记忆的存在就是为了这个目的。

●神经元可以再生吗

并非所有新生的神经元都会长期存活，它们中的大部分会死亡。为了存活下去，新生的细胞需要营养，并与周围已经发育到一定水平的神经元相连接。神经元再生仅限于海马体与嗅球这两个脑区。

△血脑屏障是什么

血脑屏障可保护大脑免于直接接触血液，从而使它免于遭受微生物、病毒和其他病原体的侵害。但它同时也阻止了一些对大脑有益的物质（包括药品和健脑食品）进入大脑，而大脑所赖以生存的氧、葡萄糖和维生素则可以通过。

★大脑是如何"洗澡"的呢

脑脊液是大脑的"洗澡水"，会沿着脑室与脑室间的孔道运输，再运送到大脑表面。随后，脑脊液沿着大脑表面动脉的间隙一直流入脑内组织，并与脑内细胞间液进行交换，将"垃圾"带至脑静脉周隙，最后排至脑外。